王文婷

著

传统造纸新世界

U0163520

四川大学出版社
SICHUAN UNIVERSITY PRESS

## 图书在版编目（CIP）数据

传统造纸新世界 / 王文婷著 . 一 成都 ：四川大学
出版社 ，2023.7
　　（中华技艺丛书）
　　ISBN 978-7-5690-6172-7

　　Ⅰ . ①传… Ⅱ . ①王… Ⅲ . ①手工－造纸－介绍－中
国 Ⅳ . ① TS756

中国国家版本馆 CIP 数据核字（2023）第 108042 号

书　　　名：传统造纸新世界
　　　　　　Chuantong Zaozhi Xinshijie
著　　　者：王文婷
丛 书　名：中华技艺丛书
------------------------------------------------------------
丛书策划：张宏辉　王　冰
选题策划：王　冰
责任编辑：王　冰
责任校对：刘一畅　毛张琳
装帧设计：叶　茂
责任印制：王　炜
------------------------------------------------------------
出版发行：四川大学出版社有限责任公司
　　　　　地址：成都市一环路南一段 24 号（610065）
　　　　　电话：（028）85408311（发行部）、85400276（总编室）
　　　　　电子邮箱：scupress@vip.163.com
　　　　　网址：https://press.scu.edu.cn
印前制作：四川胜翔数码印务设计有限公司
印刷装订：四川省平轩印务有限公司
------------------------------------------------------------
成品尺寸：148 mm×210 mm
印　　张：6.25
字　　数：135 千字
------------------------------------------------------------
版　　次：2023 年 8 月 第 1 版
印　　次：2023 年 8 月 第 1 次印刷
定　　价：42.00 元
------------------------------------------------------------
本社图书如有印装质量问题，请联系发行部调换

扫码获取数字资源

四川大学出版社
微信公众号

# 前 言

我国传统造纸工艺自发明至今已经有 1900 多年的历史，从一开始的植物纤维纸到竹帘捞浆实现批量生产，我国的造纸术从无到有，从粗到精，经历了漫长的历史发展，也凝聚了无数先辈的智慧与心血。

纸的诞生对世界文化和文明产生了巨大的影响，是人类文明和历史记载、传播的重要物质条件，在人类发展的历史上起着极为重要的作用。古人造纸所用的主要材料是植物纤维，如树皮、竹子、稻草、木材、麦秸、芦苇等，其制浆造纸工艺符合现代造纸的科学原理，因此传统造纸方法至今仍为人们所用。[①]

传统造纸承载了人类的文明史，为世界各国的文化传承和文明交流做出了巨大贡献，也是彰显中国传统文化魅力的标志性物质和工艺。从古至今，它与我们的生活有着千丝万缕的联系。随着造纸术的改进和发展，传统造纸的材料和工艺经过不断改良已形成良好且稳定的性能。尽管消费者的生活习惯和审美观念不断变化，传统手工纸仍然具有现代机制纸不可替代的文化价值与实用价值，其独特的艺术魅力吸引

---

① 　戴家璋. 中国造纸技术简史 [M]. 北京：中国轻工业出版社，1994.

了众多国内外设计师的关注。设计师通过再造传统手工纸，赋予其新的功能，制作了许多新颖别致的纸制产品，在设计领域中广受好评。

随着近几年"非遗"工作在我国的开展，传统造纸引起了社会人士和政府的广泛关注。2006年，四川夹江竹纸制作技艺经国务院批准被列入第一批国家非物质文化遗产，使夹江竹纸能够更好地传承。一些地方政府更是借助旅游业的发展带动当地传统造纸业发展，例如广东阳江的东水古法造纸工场向全国各地游客开放，在为游客提供旅游体验的同时向大众展示手工纸的魅力。除此之外，更有年轻的设计师自发地去保护这项传统的手工艺。位于云南腾冲的高黎贡手工造纸博物馆便是由三位年轻的设计师设计与建造，意在保护与传承腾冲的手工纸。现今全国各地的手工纸在发展上都面临着残酷的考验，只有宣纸拥有规模成熟的书画用纸市场。《中国传统工艺振兴计划》由文化部、工业和信息化部、财政部制定，2017年3月12日经国务院同意并发布。其后，越来越多的国内设计师开始关注传统造纸，并将其与设计相结合。

在国家大力保护非物质文化遗产、倡导"中国传统工艺振兴计划"的语境下，将传统造纸与现代设计相结合，不仅体现了传统工匠精神的当代传承，而且有助于促进我国非物质文化遗产的有效保护和传统工艺的振兴与发展，更有助于彰显传统文化的当代价值。[1]

---

[1]　陈日红. 中国传统工艺振兴语境下的工匠精神[J]. 包装工程，2018(4).

自造纸术发明以来，纸张在推进人类文明进程中占据了极其重要的位置，纸成为人类知识积累和传播的桥梁。我国传统造纸历史悠久，在现代社会中依然有重大的现实意义及研究前景。本书从中国传统造纸起源开始，探讨了中国传统造纸技术的发展、原材料的变化、传统造纸流程与工艺和传统手工纸的样式，并挖掘我国传统造纸的社会价值和艺术价值。本书尚有许多不足，但希望通过对传统造纸的介绍与分析，抛砖引玉，促进中华传统文化的发展，为我国优秀传统文化的传承略尽绵薄之力。

本书的出版受到"成都大学中国－东盟艺术学院学科科研重大成果资助项目"资助，同时感谢韩国国民大学潘荣焕教授、张完硕教授和李慧敏教授一直以来对本书的关心和建议。本书还有很多不足，恳请读者和同行批评指正。

王文婷

# 目录

# 第一章

# 中国传统手工造纸
# 起源与传播

# 第一节 "纸"说

轻轻的，薄薄的，一张纸的出现，有力推动了人类文明的发展。

人类的物质文化生活，是一步一步由原始简单发展到丰富多样的。远古时代，人们为了记录生产、生活和交往过程的活动，曾使用结绳记事的办法。后来，社会向前发展了，通过生产实践和经验累积，在雕刻和绘画的基础上逐步产生了文字。

1899 年以来，考古工作者陆续在河南安阳、山东济南、陕西邠县（今彬州市）等地，发掘出了 16 万余片甲骨。甲骨——甲是乌龟壳，骨是牛羊的肩胛骨，最开始被人当作中药，取名"龙骨"。其实，商代人迷信，但凡祭祖、打猎、征伐、种收等，都先拿龟甲兽骨占卜一下。用石针或小刀在上面钻孔，再以火烤，根据甲骨上的裂纹来定凶吉祸福。过后，还在裂纹旁边记录下缘由和结果，这就叫做"卜辞"。甲骨上刻写的文字，在字形上与现代汉字有很大的差别，它们大部分属于象形文字，有时一个字会有十多种写法。这种文字现在被我们称为"甲骨文"。它是我国已知被记录的最古老的文字。但甲骨的面积有限，容纳的字数不多，并且刻写不方便，材料的来源不易，推广使用有一定的难度。

随着社会的发展，青铜器的制作技艺日趋成熟。于是人们把字铸在青铜器上，以青铜器作为记事材料。青铜器是贵族的用品，它的种类很多。根据世传和出土的实物来看，计有钟、鼎、盘、盂、爵、鬲、钺等。这些器物的内壁或者底部多铸有文字，内容多是奴隶主参加重大活动后获得的荣誉和地位，也有赏赐赠送、交换土地等方面的记录，考古学上把这种文字称为青铜器铭文（或金文、钟鼎文）。后来，也有在石头上刻字的，叫做"刻石"，上边的文字又称为石鼓文。石头刻字后来转变为具有纪念意义的石碑而流传下来。1965年冬在山西发现了一批距今 2400 余年的春秋晋国的"侯马盟书"，即为写着盟誓之辞的玉、石片，数量多达 5000 余件。[①]这些也是记事材料。

我国古代使用最为广泛的记事材料是简牍和缣帛。春秋战国（前 770—221）时期，简牍和缣帛大量流行。我国南方盛产竹子，故在南方使用竹简、竹牍较多；而北方多以杨树为原材料，制成木简、木牍。做竹简时，先把竹子截断，用刀剖开，再放到火上烤干，以防生霉蛀虫，这道工序叫做"杀青"或"汗青"。由于是竹或木制材料，简牍比甲骨、青铜器轻便很多，更适应社会发展的需求。

竹简或木简的宽度差不多，但长短不一，一简有的可写十几个字，有的只写几个字。一篇文章或者一部书要用许多"简"按顺序编号、排列，最后用牛皮条或绳子一片片地串起来，叫做"策"或"册"。[②]

① 长甘."侯马盟书"丛考[J].文物，1975(5).
② 富谷至.木简竹简述说的古代中国：书写材料的文化史[M].刘恒武，译.北京：人民出版社，2007.

公元前 221 年秦始皇统一中国。"躬操文墨，昼断狱，夜理书，自程决事，日县石之一。"（《汉书·刑法志》）秦始皇亲理朝政，每天批阅用竹木写的公文一石。秦代一石约 120 斤。竹简体积大而笨重，翻阅十分不便。汉武帝刘彻即位之时（前 140 年），有个齐国人名叫东方朔，向武帝上奏，奏本"文辞不逊，高自称誉"，竟用了竹片三千根，管事的官员只好派两个人抬进宫去。这一大堆竹简，刘彻依次序读下去，看了两个月才看完（《史记·滑稽列传》）。再者，竹简存放的时间长了，往往容易损裂，穿简的皮绳一断，竹片散乱，恢复原样很是费事，使用和保管都不能令人满意。

木（竹）牍面积比木（竹）简宽一点，可以多写几行字。一般不用它写书，而常用它来写信、下命令、开公文。写信用的木牍长一尺，所以古人又把信叫做"尺牍"。

1972 年 4 月和 1974 年年初湖南长沙马王堆一号和三号西汉墓葬中，先后出土了竹简 900 多根，简上文字为墨书隶体；还有 12 万余字的帛书，以及 5 幅精美的彩绘帛画。这说明西汉时期简牍和缣帛可能是同时流行的。[①]

缣帛实际上是一种丝织品，可以剪裁、缝制衣服（《汉书·食货志》："布帛可衣。"），也能写字绘画。1974 年年初，从湖南长沙马王堆三号墓中发现的大批帛书，使我们对缣帛有了进一步了解。原来帛书的形式有两种：一种是整幅的折叠成长方形；另一种是半幅的卷在竹条、木条上，放在漆盒内

---

① 许智范. 简牍·缣帛·纸张[J]. 江西图书馆学刊，1998(1).

收存。帛书上有用朱砂或墨画好的"界格"，这大约是仿简册的格式。由此推知，帛书的使用可能在简牍之后。与简牍相比，缣帛柔软光滑，易于运笔和舒卷，又没有散乱后需要清理的麻烦。但是，缣帛的价钱昂贵，不利于普及推广。在汉代，一匹缣（2.2汉尺×40汉尺）的价钱可买六石（720汉斤）大米，在封建社会，普通士人都用不起，故有"贫不及素"之说。而且，用缣帛写的文章，查阅一处必须将全幅慢慢展开，耐心寻找，又不易核对。这样一来，记事材料与社会需要之间发生了矛盾。因此，冲破这个障碍，创造新的记事材料的任务，就很自然地摆在人们的面前。①

《说文解字》对纸字的解释是："纸，絮一苫也。从糸，氏声。"清代段玉裁注："箈，各本讹笤，今正。箈下曰'潎絮箦也'，潎下曰'于水中击絮也'……按造纸昉于漂絮，其初丝絮为之，以箈荐而成之。"②这就是说，造纸是以"箦"（音责，即篾席）作工具，在水中截留残絮，使席面形成了薄片。由此可见，我国造纸起源于古代的漂絮法，从而推知最初的造纸法必定跟丝织业（漂丝絮）有关。

早在西汉时代，我国劳动人民已开始了造纸的尝试，当时，已出现了一种叫"赫蹏"的丝绵纸（赫蹏又可称为丝纸或丝絮纸，在外观上质地轻薄。从本质上讲，它也是由动物纤

①　刘仁庆.造纸入门[M].北京：轻工业出版社，1981.
②　段玉裁.说文解字注[M].上海：上海书店出版社，1992.

维——蚕丝构成的。① 与缣帛不同之处：缣帛是由经纬线构成的织品，而赫蹄则是由残絮交织而成的），这种纸起初是制作丝绵时的副产品。当时做丝绵的方法很简单：把蚕茧煮过后放在席子上，再浸泡在水里用木棒反复捶打成丝绵。取下丝绵后，必然会有一些散碎的蚕丝纤维粘在席子上，晒干剥下，纤维就变成了一张薄薄的可以写字的丝绵片。后来，人们就以上述方法制作丝绵纸。现在"纸"字左边从"纟"说明了最初的纸跟丝有直接的联系。丝绵纸虽然受到原料的限制，不能大量生产，但给人们打开了一条思路：能不能采用差不多的方法，用来源更广的植物纤维来造纸呢？

我国是世界上麻类植物的起源中心。"丘中有麻"，古代的劳动人民很早就利用麻捻线、搓绳或者织布、制作渔网。一般麻含有胶质，使用前需要脱胶，这个过程称为"沤麻"。② 我国古代的沤麻技术历史悠久。"东门之池，可以沤麻"，这就是说把麻先浸泡在池子里，将其中的胶质溶解出，经过加工制成麻缕，再对麻缕进行锤捣，使之纤维分离开来，再和水进行混合。③ 为了捕捉纤维，抄纸时必须将篾席浸入水面以下，反复操作，使纤维分布均匀，这就叫做"捞纸"。捞出后的纤维页面，经过干燥后即成为纸张。还有一种叫"浇纸"的方法，与捞纸法的不同之处就在于，它是把纸浆直接倾泻在

① 潘吉星. 关于造纸术的起源——中国古代造纸技术史专题研究之一[J]. 文物，1973(9).
② 王迈. 诗·王风·丘中有麻解[J]. 苏州教育学院学报，1999(3).
③ 孙川棋，周涛. 汉麻——柔软健康的"盔甲"[J]. 中国科技奖励，2012(4).

"抄纸帘"上，然后用工具将其刷平，但是纸的均匀度较差。这些方法和技术是我国古代劳动人民从生产实践中逐步摸索、总结出来的。

我国考古工作者 1933 年在新疆的一个汉代遗址中发现了麻纸，以及公元前 419 年的木简。1942 年在内蒙古一个汉代遗址中发现了植物纤维纸，是公元 98 年左右的文物。1957 年在西安灞桥挖掘出来的西汉文物中也有不少纸片，经化验分析，是麻类植物纤维纸，是公元前 87 年左右的文物。这就说明在蔡伦之前，我国劳动人民已有了丰富的造纸经验。[①]

蔡伦对造纸术的改进有非常重大的贡献，他与优秀的工匠接触，收集大量的造纸经验，在长期的积累下，总结出用树皮、麻线、破布、渔网等不同原料造纸的方法。

造纸技术是从劳动人民的实践中总结出来，又通过劳动人民的生产实践推广开来，而得以不断提高和发展的。造纸法的诞生，体现了我国劳动人民的聪明才智。纵观造纸的全过程，从选择原料到抄出纸张，至少包括以下几个步骤：第一，分离，就是将原料分离成纤维；第二，捶捣，捶打纤维使之帚化；第三，成形，纤维交织均匀滤水；第四，去水，让形成的纸页晾干。这四道工序完全符合科学原理。即使在现代，造纸工艺有了很大的进步，其基本原理跟近两千年前的造纸法仍旧没有根本的区别。可见，我国古代劳动人民对造纸原理的理解有多么深刻。

---

[①] 潘吉星. 从考古新发现看造纸术起源[J]. 中国造纸，1985(2).

## 第二节 中国造纸的起源

关于中国造纸术起源的时间，概括说有三派意见。

第一派以范晔（398—445）为代表，认为纸是东汉时的宦官蔡伦（63—121）于元兴元年（105）发明的。这一派意见把作为古典书写材料的缣帛当成"古纸"，认为以破麻布造纸自蔡伦始，将其称为"今纸"。这种说法一度得到中外一些学者的支持，将造纸术起源的时间定在105年。但是按照上文对"纸"的定义，缣帛是丝质动物纤维借纺织方法制成的，称不上"古纸"。纸应是植物纤维提纯，分散后由抄造方法制成。[①]

第二派意见以唐代人张怀瓘和宋代人史绳祖为代表，认为公元前2世纪西汉初即已有纸，蔡伦不是纸的发明者，而是改良者。这些唐宋学者的意见，今天看来在原则上是正确的，符合历史发展的观点和实际情况，因而得到20世纪以来一些学者的支持。然而持第二派意见者多认为蔡伦前纸为丝质纤维纸，即所谓"絮纸"，而蔡伦则易之以植物纤维，他们主张以植物纤维造纸仍始自蔡伦。[②]

近年来，随着考古发现的深入，第三种意见也被提出来，即在西汉时已有植物纤维纸。西汉造纸说有文献和实物证据，从历史发展观点分析也言之有理。当代考古学家黄文弼博士

---

① 潘吉星. 从考古新发现看造纸术起源[J]. 中国造纸，1985(2).
② 贾忠匀. 造纸术的发明问题[J]. 贵州大学学报：社会科学版，1985(4).

（1893—1966），1933 年在新疆罗布淖尔汉代烽隧亭遗址首次
发掘一片古纸，他在发掘报告中列举出土文物时指出，麻纸：
麻质，白色，作方块薄片，四周不完整。长约 40 厘米，宽约
100 厘米。质甚粗糙，不匀净，纸面尚存麻筋，盖为初造纸
时所作，故不精细也。同时出土有黄龙元年（前 49）之木简，
黄龙为汉宣帝（前 73—前 49）年号，则此纸亦当为西汉故物
也。据此，西汉时已有纸可书矣。今又得实物上之证明，是
西汉有纸，毫无可疑。不过西汉时纸较粗，而蔡伦所造更为
精细。①

　　1957 年陕西灞桥出土的纸张年代不晚于汉武帝时期（前
140—前 87）的纸（见图 1-1），可能由破布或其他已用过的
麻类材料所造，因为纸面上仍可见某些纺织物的残余物和痕
迹。有学者提出："灞桥纸确是纸，而且是公元以前的纸，应
当是不成问题的……灞桥纸是没有文字的，居延纸有文字，
而绝对的年代却不清楚。"②但从与灞桥纸的相关性看来，它应
当在某种情形之下是可以写字的。蔡伦以前都是以废絮为纸，
到了蔡伦才开始如《后汉书·蔡伦传》所说"用树肤、麻头及
敝布、鱼网以为纸"，但在灞桥纸产生的西汉时期，人们就已
经使用麻头一类的植物纤维了。因而蔡伦的造纸，并不是质
料方面的改变，而是属于技术方面的改进。③

①　陶喻之. 关于悬泉置遗址出土残纸质疑[J]. 中国造纸，1993(2).
②　徐国旺. 试从考古角度看几种所谓西汉纸的发掘与断代[J]. 中国造纸，1991(6).
③　潘吉星. 从考古新发现看造纸术起源[J]. 中国造纸，1985(2).

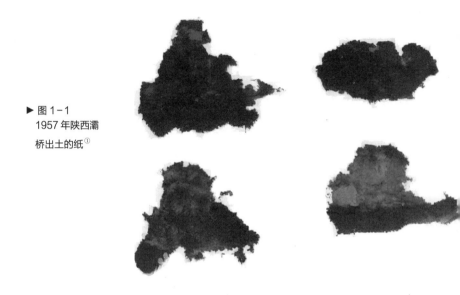

▶ 图 1-1
1957 年陕西灞
桥出土的纸[①]

# 第三节　中国造纸的传播

　　纸，作为一种相对廉价、实用而轻便的书写材料，一经问世便受到普遍欢迎，并以我国为中心开始向世界各地传播：首先是纸张或纸制品（书籍和图画等）被带往国外，其后是各国学习造纸技法。

　　我国与朝鲜只有一江之隔，人民之间往来密切。《朝鲜史

---

① 图片来源：https://baike.baidu.com/item/西汉纸/10654375？fr=aladdin.

略》（1617年明代万历刻本）记载："百济自开国以来，未有文字。近肖古以高兴为博士，始有书记。"近肖古王即位的时间，相当于我国晋朝穆帝永和二年（346）。这段文字说明，百济国于4世纪中叶开始用纸，才有书籍之类。由此推知，大约在4世纪，中国造纸法传入朝鲜，当地才能自行造纸，满足兴学校、办教育的用纸需要。[①]

《日本书纪》载：推古天皇十八年（610）三月，高丽王派高僧昙征和法定二人东渡日本。昙征知《五经》，会制作颜料及纸墨，并造碾硙。中国造纸法由他介绍到了日本。

610年是隋炀帝大业六年，中国早已采用楮皮造纸。当时日本的摄政王圣德太子（原名"厩户皇子"）派人学种楮树，为造纸准备充足的原料。

造纸的另一个必不可少的条件是量多而又优质的清水。斑鸠宫是圣德太子的住所，附近可种植楮树，又有清洁的河水可供利用。据传，圣德太子最初选定造纸的地方，就是在离斑鸠宫最近的龙田川岸畔。此外，在吉野川、初濑川、佐保川等处（这些河流都在当时的首都奈良附近）也兴建了造纸作坊。

由于圣德太子的提倡和昙征的传授，日本人掌握了中国造纸法，至今日本正仓院还保存着多种早期的日本手工纸"和纸"。日本学造纸比朝鲜晚200多年，比阿拉伯人早100多年，比欧洲人更早。

---

① 王珊. 中国古代造纸术在"东亚文化圈"的传播与发展[J]. 华东纸业，2009（6）.

　　我国造纸法向西传播，对世界造纸业的影响最大。

　　欧洲各国在还未建立造纸业之前，先是使用埃及莎草纸。公元前2世纪柏加马斯国王因为得不到莎草纸，就下令用羊革来写字，叫做"羊皮纸"。羊皮纸就是经过灰腌脱毛、打磨加工后专供书写、绘画用的绵羊革和山羊革。制一张羊皮纸和制革差不多，要把羊的皮剥下，灰腌脱毛，把皮刮薄，再把它撑开，晒干，将表面磨平，才告完工。羊革很贵，一只羊的皮，面积有限，如抄一部《圣经》要用羊革（纸）三百张，比我国古代以缣帛作书的代价还要高。而且羊革容易折皱、沾污，这对于当时欧洲文化的发展是很不利的。[①]

　　公元751年中国的造纸法传入（阿拉伯）大食国的撒马尔罕。撒马尔罕是大食国北部的重镇（现属乌兹别克斯坦共和国境内），附近种植大麻和亚麻，又有河流，中国造纸工匠利用这些条件，帮助阿拉伯人学习造纸法，建立了造纸工场。

　　11世纪阿拉伯著名作家塔阿里拜，根据前人的著述介绍了造纸法由中国传到撒马尔罕的经过，并且说，正是在中国工匠的指导和帮助下纸才成为撒马尔罕的特产之一。"这种纸很美观，又很实用，只有撒马尔罕与中国两地出产。"约40年后，即公元793年，阿拉伯王（哈龙·阿尔·拉斯特）在新都建立了一座造纸工场，招聘了中国造纸工匠。于是造纸法又向西迈出了一步。两年后，795年，大马士革（现叙利亚首都）也开办了造纸工场，因它靠近地中海，交通方便，与欧

① 吉少甫. 中国古代造纸术和印刷术的西传[J]. 出版发行研究，1990(2).

洲联系密切，大马士革生产的纸张大部分运往欧洲。公元900年造纸法传入埃及的开罗。1100年摩洛哥人开始造纸。从8世纪到12世纪初阿拉伯人曾垄断造纸技术大约400年之久。

1150年，阿拉伯人渡海，在西班牙的沙提伐城建起了一座处理破布的造纸工场。这是欧洲的第一个造纸工场。此时，距中国发明造纸的时间已经过去1200多年了。

1180年，造纸法由西班牙传入法国的耶洛城。1271年，阿拉伯人通过地中海，经西西里岛抵达意大利，又在门特法诺城建立了造纸工场。此后，造纸法由意大利传入德国（1312年）和瑞士（1350年），又传入俄国（1567年）；由西班牙传至墨西哥（1575年），另外，由法国传入比利时（1320年）、荷兰（1323年）和英国（1460年）。1690年，造纸法由荷兰传入美国，再传入加拿大（1803年）。①

斯堪的纳维亚半岛上的几个国家——瑞典于1532年、丹麦于1540年、芬兰于1560年、挪威于1654年开始造纸。但是，造纸法究竟从哪条路线传入，尚无确切的史料可考。

造纸法的西传经历了漫长的时间，西传的路线则从中亚一直延伸到欧美大陆等地。

撒马尔罕造纸业的兴起，使曾经广泛流行的莎草纸黯然失色，莎草纸的制作时间长、性能不够好（不耐折叠）等缺点更突出了。中国造纸法传入欧洲后，人们把以破布（麻织物）为原料的纸叫做破布纸（即所谓"褴褛纸"）。此时，莎

① 刘仁庆.中国造纸术的西传[J].中华纸业，2008（9）.

草纸已被淘汰，破布纸（后来又有用棉织品废料抄造的）面临的竞争对手主要是羊皮纸。羊皮纸虽然昂贵，但是用鹅毛管尖蘸染料在上面书写比较流利。王公贵族和主教僧侣们以使用羊皮纸为高贵的象征。由于当时欧洲社会文化水平较低，识字的人不多，对纸张的需求不太迫切，所以 10 世纪左右欧洲人主要使用羊皮纸，同时还从非洲输入一部分破布纸。12世纪，欧洲已能自制破布纸。其后，德国古登堡印刷所的建立刺激了造纸业的发展。14 世纪文艺复兴开始，对纸的需求急剧增加，读书、看报的人多起来了。人们更青睐价钱便宜的破布纸，并且利用破布纸加工成所谓的"仿羊皮纸"或"假羊皮纸"。于是，欧洲的羊皮纸后来就成为博物馆内的陈列品了。①

　　我国造纸法从亚洲传至非洲、欧洲、美洲，最后传入了澳洲。19 世纪初，世界五大洲都建立了造纸场，为各国人民生产物美价廉的纸张。

# 第四节　其他国家的造纸发展

　　造纸技术传入其他国家后，当地人民结合本地区的实际情况又进行了改进和提高。

---

① 刘仁庆. 中国造纸术的西传［J］. 中华纸业，2008（4）.

日本自 610 年（推古天皇十八年）开始，一直到明治维新前，采用的造纸方法与由朝鲜传入的中国造纸法基本相同。

日本人主要是大和民族，其他还有琉球族、虾夷族等。他们所造的手工纸又叫做"和纸"。和纸的原料主要是楮皮、三桠、雁皮、桑皮等。

现以日本制楮纸的过程为例，看一看他们的造纸工序：每年 12 月上旬至次年的 1 月中旬为楮树的砍伐时期，这时入山砍伐。将楮的枝干截成一米左右，剥皮，扎成小捆，放到蒸桶内，汽蒸一两天。然后取出，手工撕皮，洗皮，把楮皮分成小束，悬挂起来风干。再用草木灰、石灰汁来蒸煮楮皮。成浆后水洗，以坚硬的木槌拍打十几遍（粗纸七八遍即可）。待纸浆成泥状，置入大木槽内，加悬浮剂（如黄蜀葵）使纸槽里浆、水黏滑。用竹帘抄造，抄纸时，竹帘面倾斜，让多余的水从帘面上急速流去，这叫做"流滤法"（又称"流浆抄纸法"），抄出的纸页放到用蒿秆相隔的木板上，层层相叠，每层数百张，使水分溢尽。然后，取出以秆帚刷之。秆帚（又叫毛刷）由几种材料制成：马尾、棕榈、麻类。将刷上纸的木板，置于露天，日光干燥，即得纸张成品。由此可见，日本古代和纸的制造也采用我国的"流滤法"，并在生产实践中有所改进。

阿拉伯人自 8 世纪以后开始造纸。造纸工匠提着盛纸浆的木桶、刷子、抄网、木板以及笔墨之类的东西上街，既出售纸张又代写书信。当时的人需要书信往来时，往往请造纸工匠代写。工匠当场就用抄网捞纸，迅速地把湿纸页刷到木板上烤干（有时在太阳下晒干），然后揭下纸张，按照老妇人的口授，把文字写在纸上。后来，这种简易抄纸法流传了很久。阿拉伯人所建的造纸工场，多集中生产纸浆（用废旧亚麻或大麻织物等为原料），一方面抄面积较大的纸张，供出口换货；另一方面，把纸浆卖给造纸小货摊。其制浆过程，也是沿用我国古代造纸法。①

　　在18世纪机制纸（用机器造纸的简称，有别于手工纸）诞生之前的几个世纪中，欧洲人采用传统的手工造纸法进行生产（图1-2）。他们以废旧棉麻破布为原料，以"抄网"为捞纸工具。抄网主要由网模和定边架组成，网模是用红木制成的长方形框架，比较像浅平的长方形木匣子。框架的横向有用来固定网模的若干根肋条。框架的纵向装有用以固定肋条的两根铜拉杆。网模上蒙有衬网和面网。它们有两种不同的织法：一是编网，二是织网。定边架为一种轻便的木框，它刚好扣在网模上，借以决定纸页的尺寸并防止纸浆溢出网模。抄纸槽是方形或圆形水槽，以木材或石块做成，有的在槽壁衬有铅皮，槽内装有搅拌器。抄纸一般采用三人操作法。抄纸的过程略述如下：抄纸工双手紧握住抄网伸直双臂，沿着几乎与水面成垂直的方向，将抄网投入浆槽中，立即取出，并把它放在身前的水平位置。这样抄出一张未经完全定型的纸页，随后把抄网向前倾斜，左右晃动多次，使网面上的纤维

① 胡受祖. 中国造纸工业技术发展的方向[C]. 北京造纸学会第六届学术年会，1999.

交织均匀，形成纸页，同时让大量的水分从抄网的网眼中排出去。这叫做"溜滤法"或称"积浆抄纸法"。[①]此法与我国通常采用的流滤法不同，除不加纤维悬浮剂外，在捞纸方式、质量要求等方面也不太一样。

▲ 图1-2  1568年德国人安曼（J.Amman）的《抄纸图》[②]

抄纸工每抄完一张纸，就把抄网平放在左边的槽角上，待纸面充分沥干水分后才取下定边架，然后将网模递给"伏工"（压榨工）。伏工把网模斜放在一个支架上，让纸页继续沥干。稍微沥干后伏工用左手端起网模，用右手接过网模，把它翻转过来，让有湿纸页的那一面贴着毛布，施以适当压力，使纸页脱离网面伏附在毛布上。如此一层纸一层毛布，叠积成垛。当积到二三百张时，即把它们送至螺旋压榨机进

①    刘仁庆. 中国造纸术的西传［J］. 中华纸业，2008（4）.
②    图片来源：https://www.swr.de/swr2/musik-klassik/bildergalerie-schott-verlag-100.html.

行压榨。压毕，除去毛布，再把纸页整齐地叠好，放在压榨机里稍稍加压并放置过夜。次日将纸页一张张分开。按前后顺序排列，重复压榨，直至达到所要求的平整度为止。完成上述操作后，即把纸送到干燥室里悬挂在木架或绳索上，进行自然风干。干透后经过刷胶、装饰、选纸，即成纸张成品。

从上面介绍的国外早期手工造纸的情况中可以看到，我国的古代造纸法传到世界各地以后，各国劳动人民在学习我国造纸技术的基础上，建立了自己的造纸业。同时，他们在生产实践中，对造纸技术又加以改进和提高，对造纸技术的发展做出了贡献。从中也可以看出机制纸的产生是从手工操作演变而来的。今天我们使用的造纸机的三个主要构成部分，即铜网部、压榨部、干燥部，都是以抄纸工、伏工和干燥工的工作任务为基础的，只是用机器来代替了手工。[1]任何事物都有一个发展过程，从简单到复杂，从初级到高级，反复实践、不断革新，才能前进。

18世纪以后，欧洲各国的纸张生产逐步从手工过渡到机械化操作。至此，造纸工业翻开了新的一章。然而，纸的发明是中华民族的无上光荣，我国古代的造纸法对人类文明所做的伟大贡献是不可磨灭的。

---

① 刘仁庆. 中国造纸术的西传[J]. 中华纸业，2008（4）.

# 第五节　造纸趣说

## 一、趣说卫生纸[①]

很久很久以前，从原始社会乃至延绵下来一段很长的时间里，人类对待生活中的一件"要事"——拉屎，处理得简单得很。每当拉完之后，就身体轻松、万事大吉了，"少一道工序"。时光匆匆，社会不断地向前发展。古代人开始觉得应该把屎去掉，免得弄脏了衣服。于是便有了用石头、土疙瘩或树叶刮净的"动作"。以后，又懂得了人的粪便是一种优质的肥料，于是在农村，人们便在地上挖一个深坑来存粪便；城镇的人就在河边架一个"小围圈"，让河水把粪便带走。人们从此在卫生认识上有了长足的进步，再也不随地拉屎撒尿了。再后来，民间又出现了"便盆"；而在宫廷里则发明了"便桶"，后来，又演变成南方的民用"马桶"。

虞世南（558—638）的《北堂书钞》中提道："范宁教云，土纸不可作文书，皆令用藤角纸。"范宁（约339—401）为东晋人，字武之。初为余杭令，兴学校，养生徒，风化大行。东晋时浙江为我国产纸盛地，纸品甚多，有土纸、藤角纸等。范宁是文化人，又在余杭做官，热心教育，讲究卫生。同时，

---

①　刘仁庆．趣说卫生纸：纸潭钩沉之三［J］．浙江造纸，2003（3）．

也受儒家精神影响，士大夫习气重。因此他认为千万不可拿土纸来写字。那土纸用来干什么呢？土纸，即用稻秆、麦秸所制之粗纸，又叫草纸、手纸或茅坑纸等。而藤角纸就是那时余杭出产的藤纸——以野藤（葛藤、青藤、黄交藤等）之皮为原料抄造而成，此纸品质甚优。由此可以推断，最迟在东晋——也就是说早在 1600 多年前，我国江浙一带已经开始用土纸"讲卫生"了。又据颜之推（531—约 597）的《颜氏家训》："吾每读圣人之书，未尝不肃敬对之，其故纸有《五经》词义及贤达姓名，不敢秽用也。"《翰林志》载：凡赐与、征召、宣索、处分，曰诏，用白藤纸……太清宫道观荐告词文，用青藤纸……敕旨、论事敕及敕牒用黄藤纸。可见古人对纸品等级分类之细。

又据《明会典》（明代官修，明朝万历年成书）："凡宝钞司年例，抄造供用草纸七十二万张，御用监成造香事草纸一万五千万张……合用石灰、木炭、铁器、木植等料，俱工部派办。"这里说的是，在明朝年间，由"宝钞司"（朝廷办的印钞工场，也兼造纸）每年向皇宫呈送两种草纸（即土纸）：一种是香事草纸，供帝、后、妃等专用，此纸中加入了香料，属高级品；另一种是普通草纸，供监、婢、役等使用，属低级品。封建王朝，等级森严，连上厕所的用纸都区分得一清二楚，由这段记录可见一斑。

## 二、钞票的来源①

我们都知道钞票又叫做纸币，可为什么叫做钞票，并非人人都清楚明白。早在纸币诞生之前，我国曾经长时间以贵金属为货币，有金元宝、银元宝、铜钱等。久而久之，在生产和流通过程也出现了一些麻烦：一来是铸造时耗费的金属过多，成本太高；二来这种货币重量大，携带、清点均有不便。到了北宋景德二年（1005），益州（今四川成都）地区的民间商会自发地使用一种用纸刻印的"交子"（图1–3），作为丝麻稻麦等商品的兑换凭证。这可能是纸币的雏形。到了南宋绍兴三十一年（1161），高宗皇帝下令改发新币——会子（图1–4），纸币的使用范围逐渐扩大。宋、辽、金割据局面形成后，金贞元二年（1154）因库存铜、银减少，金廷便拟仿宋朝的交子，发行一种名为"钞引"的货币。此钞按使用铜钱的习惯，有大、小钞两种，大钞单位唤作"贯"；小钞单位唤作"文"，一贯等于一千文。因以纸印制，亦称之为票。不过，当时民间叫它钱票，权当是货物交换的媒介物。

忽必烈灭宋以后，至元八年（1271），元朝大量发行"至元通行宝钞"（见图1–5）。据意大利人马可·波罗在其游记中介绍（他于1275年到达中国），元朝的纸币是用桑皮纸印制的，纸上盖有朱红色的官印，上边告示：不得拒用或伪造，否则朝廷将杖以极刑。明朝洪武年间发行"大明通行宝钞"。

① 王志艳.解码造纸术[M].延吉：延边大学出版社，2012.

这种宝钞的实物曾在故宫博物院展出过，纸面蓝色、墨字、红印。其长度为34厘米、宽度为27厘米，比现在的A4纸还要大（见图1-6）。咸丰三年（1853），官府发行"大清宝钞"（见图1-7）和户部官票（见图1-8），并把这两者合称为钞票。于是，纸币由交子演变至此，便合而成为钞票了。这就是钞票的由来。

▲ 图1-3　"交子"拓片①

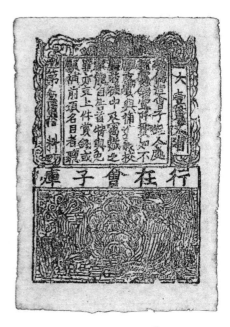

▲ 图1-4　会子②

---

① 图片来源：https://baike.baidu.com/item/交子/564925？fr=aladdin.
② 图片来源：https://zhuanlan.zhihu.com/p/359050261.

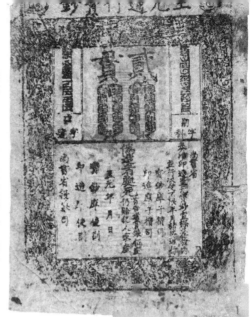

▲ 图1-5 元代中统元宝交钞、至元通行宝钞[①]

► 图1-6 大明通行宝钞[②]

---

① 图片来源：https://new.qq.com/rain/a/20210725a074d600.
② 图片来源：https://www.yindingbowuguan.com/m.php/Library/detail/id/192.html.

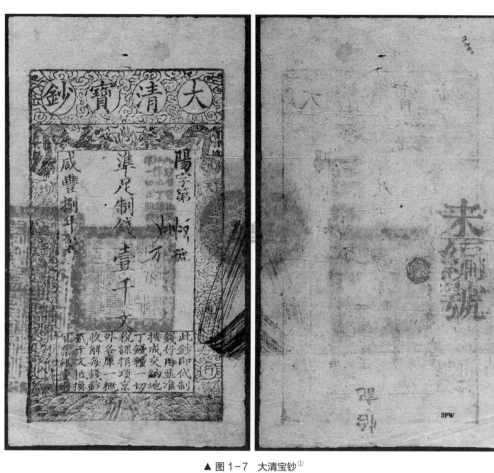

▲ 图1-7 大清宝钞①

---

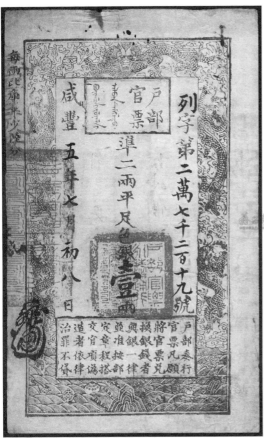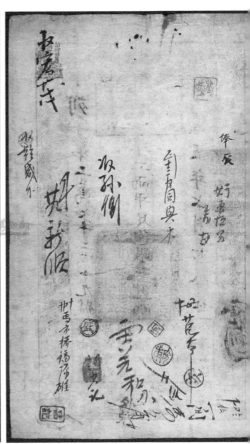

▲ 图1-8　户部官票①

---

① 图片来源：雅昌艺术网 https://auction.artron.net/paimai-art0008642250/.

　　顺便提一下，元朝的宝钞随着蒙古骑兵的西征，流传到了波斯国（今伊朗伊斯兰共和国）。1294 年，波斯国王发行的纸币几乎完全照抄元朝纸币。甚至把汉字"钞"也原样照印。由此出现了一个有趣的现象，在波斯纸币上既印有阿拉伯文，也有汉字，还盖有中国式的印章。不久，纸币又由中东流传到了欧洲。西方第一次发行的是斯德哥尔摩银行的信用票据（信托票据），于 1661—1666 年发行，是欧洲最早的票据。纸币上除花纹边框外，只有编号和总管者的签字（见图 1-9）。

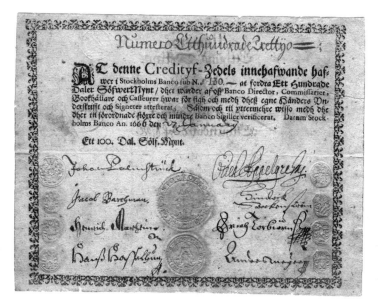

▲ 图 1-9　1661—1666 年由斯德哥尔摩银行发行的纸币①

---

① 　图片来源：斯德哥尔摩经济博物馆，https：//ekonomiskamuseet.se/basutstallning－2023/.

### 三、染色纸的诞生 [1]

中国有句古话"无巧不成书"，染色纸的发明就是巧合。18 世纪，在英格兰的一个小山村里，有一个家庭手工造纸工场，总共有 4 个人：威廉夫妇和他们的两个儿子。全家以生产白纸为业。

有一天，威廉站在荷兰式打浆机旁，大声地向大儿子喊道："老大，浆已打好，今天真不错，快点拿去抄纸。"大儿子赶忙往打浆机前跑。威廉的妻子正端着一盆蓝色染料液，准备去染衣服。听到老伴大叫，也想过去看看今天打的纸浆是怎么个"真不错"法。结果与对面跑过来的大儿子相撞，只听她"哎哟"一声，不小心把一盆染料液全倒进打浆机里去了。洁白的纸浆被染得蓝花花的。威廉大为生气，眼看好端端的白色纸浆要报废了。

这时，二儿子也闻声赶来。他望着打浆机里蓝一片、白一片的纸浆出神。过了好一会儿，老二拿起一根小木棒，仔细地搅了搅纸浆。看到纸浆的颜色被搅得很均匀，他灵机一动，说道："我看干脆再加些染料，把白浆变成蓝浆再抄纸，行不行？"

威廉叹了口气，回答说："只好这样，试一试看吧。"蓝色纸就这样被造出来了。拿到市场上去，居然被认为是新产品，很快被抢购一空。威廉一家不但没有赔本，反而赚了钱。

---

[1]　田福中、李自方. 文化的传播——造纸 [M]. 北京：北京燕山出版社，2014.

从此以后，威廉一家就潜心钻研生产各种染色纸的技术，经过多年的努力，取得了多项产品的专利权。染色纸的开发与制造也引起了更多人的兴趣与关注。

这个故事告诉我们，当遇到做某件事与原来的预想不一样，甚至效果相反的时候，不要匆忙地以为错了就无法挽回了。而应该冷静地想一想：下一步怎么办？有没有办法解决？进行反向思维，看看到底有无别的门道或出路，切忌在一棵树上吊死。染色纸的诞生，不就给了我们这样的启示吗？

### 四、莎草纸的故事[①]

尼罗河千百年来慢悠悠地流淌，像一位慈祥的母亲，养育着沿岸的人民。在尼罗河三角洲一带生长着一种水生的莎草科植物，当地人叫它"巴比鲁斯"（Papyrus），中译名为"纸莎草"（俗称莎草）。这种草的茎秆高 1.5～3 米，多根，散叶，茎呈钝三角形，顶部有"撒花"（外观上好似芦苇）。茎内的软髓可食，外皮纤维可以捻绳，扁平的叶子可以编筐甚至建造独木舟，穗部则可以用来做妇女的"头饰"，用处很多。但是它最大的用途是造莎草纸（见图 1-10）。

---

① 原载《纸业新闻》2003 年 8 月 21 日、28 日第 3 版.

▲ 图 1-10　古埃及的纸莎草书[①]

　　纸莎草（原料）之所以变成莎草纸（产品），是与古埃及人的宗教活动密切相关的。那时候，祈福、消灾、治病的祷词不单用口授，而且要书写，传播远方，故迫切需要一种书写记录材料（见图 1-11）。于是，古埃及人便把尼罗河岸边的纸莎草伐断取回，除去根叶，用小刀将茎秆的外皮剖成薄片，再把这些薄片并排地铺开，直到适当的宽度。然后在上面交叉地再平铺一层，边浇水，边用石头击打。利用从薄片内流出来的糖质黏液，使草片间彼此粘连起来。再把一个个大石块紧压在上面，经过一段时间被风吹干，用手握住象牙或贝壳磨光其表面，最后便做出经久耐用的莎草纸了。

　　莎草纸是一种古老的书写材料，有人认为它是"纸的前身"和"paper"英文单词的由来。其实，莎草纸只是纸莎草的

---

①　图片来源：https://zh.wikipedia.org/wiki/莎草纸.

黏合物，是一种原材料的糅合，不具备纸的"抄造"特征，不能算作真正的纸。正是因为它有纸的特性，在古埃及、古希腊和古罗马曾经作为书写材料较为流行。

▲ 图 1-11　莎草纸上记录的信息①

---

① 图片来源：大都会艺术博物馆，https://www.metmuseum.org/art/collection/search/251788.

第二章

# 中国传统手工造纸技术发展

# 第一节　中国古代造纸技术

　　我国古代造纸技术的发展，大致可以划分为四个阶段：（1）初制时期（西汉、东汉）；（2）成长时期（西晋、东晋、南北朝）；（3）鼎盛时期（隋、唐、宋）；（4）缓慢时期（元、明、清）。

　　西汉时期，民间已经有了纸张的制作。公元2世纪初即东汉时期，在皇室手工业作坊里，出现了世界上最早的造纸技术家——蔡伦（见图2-1）。他身为宫廷宦官，担任中常侍、尚方令等要职，经常出宫查巡，深知民间疾苦。蔡伦有才学，尽心谨慎，在假日里常关门不会客，从事钻研活动，或者到农村郊外去访问调查。当他获知由于办学事业兴起，群众苦于当时所用书写材料之笨重和昂贵，就决心改革原有的利用麻质纤维造纸的技术。他挑选和聘用了全国各地的能工巧匠，集思广益，利用官府的大量财力和物力，在民间造纸法的基础上，大胆地采用了树皮、麻头、破布和渔网等废旧物作原料，造出了质量较好的纸张。元兴元年（105），蔡伦将生产出来的一批良纸献给朝廷，受到了汉和帝刘肇的称赞，并通报全国。通过官方的推广，造纸业有了较大、较快的发展，为纸张取代简帛的书写地位创造了极为有利的条件。114年，蔡伦被加封为龙亭侯，故蔡伦所造的纸被誉为"蔡侯纸"。蔡伦虽然不是纸的发明者，却是一位伟大的造纸技术

◀ 图 2-1　蔡伦画像[1]

家。[2]因此，蔡伦是一位值得人民永远纪念的历史人物，他在造纸发展史上的作用和贡献是为大家所公认的。

东汉时期的纸张，已有实物出土。1942年在内蒙古自治区额济纳河岸旁的汉代烽火台下，发现了一张写有文字的麻纸。据同时发掘出来的木简和麻纸的隶书字体等推断，这张被命名为"额济纳纸"的残片是东汉的故物。不过，木简的年代最早是永元五年（93），最晚是永初四年（110），确切时间尚未定论。1974年甘肃武威县的柏树公社旱滩坡村，发现了一座东汉晚期的墓葬。在清理过程中收集了男女尸和30多件器物，其中还有木制牛车模型一座。据发现者说，当时牛车盖有一张纸棚，上面写有墨字，出土时不慎风化了，在牛车辕杆两侧至车底镶有几层纸。取下后纸裂成残片，最大面积

---

① 图片来源：https://baike.baidu.com/item/蔡伦/13029.
② 刘仁庆.造纸入门[M].北京：轻工业出版社，1981.

是 5 厘米 × 5 厘米，厚 0.07 毫米。可惜纸上的文字模糊不清，难以辨认。经化验，该纸系麻类纤维所造。[①]它们被称为旱滩坡纸，这是东汉的又一种古纸实物（见图 2-2）。

▲ 图 2-2　东汉旱滩坡带字纸[②]

在纸的初制时期里，虽然已经能生产纸张，但是一些士大夫阶层却仍以使用缣帛为贵，而社会上流通简牍，于是出现简、帛、纸同时并用的局面。

东晋都城由洛阳改为建康（现南京），造纸地区也随之从黄河流域扩大到长江流域和江南一带。从此造纸原料在应用麻料的基础上，又增加了藤皮、楮皮、稻草等。同时，在操作方法上开始采用竹帘捞纸。这由晋代纸上有"帘纹"可得证实。西晋时有人试用黄檗汁来浸染麻纸，叫做"入潢"，此举可保护纸张免遭虫蛀。东晋末年，太尉桓玄下令废除竹简，

---

① 徐国旺. 试从考古角度看几种所谓西汉纸的发掘与断代[J]. 中国造纸，1991(6).
② 图片来源：中国国家博物馆官网 https://www.chnmuseum.cn/zp/zpml/kgdjp/202110/t20211028_251992.shtml.

用黄纸取代之。

由此可见，造纸原料扩大、抄纸工具有所改进和染色加工纸出现，是造纸技术成长时期的三个特点。其结果是促使纸张成为社会上的主要书写材料（"以纸代简"）。[①]

我国造纸技术的鼎盛时期是隋、唐、宋三代，尤以唐代最盛。唐代造纸业遍布各省，许多小县城也有官办或民营的造纸作坊。人们就地取材，使用了多种原料。宋代苏易简（958—997）在《文房四谱》中记述："蜀中多以麻为纸，有玉屑、屑骨之号，江浙间多以嫩竹为纸，北土以桑皮为纸，剡溪以藤为纸。海人以苔为纸。浙人以麦茎、稻秆为之者脆薄焉，以麦稿、油藤为之者尤佳。"[②]说明宋代各地手工造纸的原料已达八九种之多。

唐代生产的纸张数量之多，质量之好，是空前的。如开元年间（713—741）抄写了经、史、子、集四部库书，共计125960卷，所用纸张之多可想而知。由于加矾、加胶、涂粉、洒金等加工技术的提高，纸张品种增多，质量显著改善。如唐代的"十色笺"，是把纸张染成深红、粉红、杏黄、明黄、深青、浅青、深绿、浅绿、铜绿、浅云等十色，深得人们的喜爱。还有各种图案模底纸，纸面呈现花草竹木、凤凰狮子、龙甲云鹤，真是情态万千，生趣盎然，别具一格。

唐代纸张的尺寸较晋代增大了。现存的唐朝写经麻纸，

① 黄运基. 中国造纸工业的技术进步［J］. 江苏造纸，2006（3）.
② 苏易简. 文房四谱［M］. 许琰，吴长城，译注. 长春：吉林大学出版社，2021.

长二尺余，宽一尺多。那时对纸的外观很讲究，往往要再加工，故留下了许多形容纸张的华丽辞藻，如称剡纸"光滑洁白"，峡纸"纤细耐久"，歙纸"冰翼凝霜"，宣纸"莹润如玉"，等等。

唐代雕刻印刷已有相当高的水平。到了北宋，毕昇发明了胶泥活字印刷，使印刷术进入一个新的时代。宋代又有了所谓"金石学"研究（指专门研究钟鼎和石刻上的文字，考释文义、考订年代的学问），要求供应薄匀而强韧的纸张，作"拓片"（把钟鼎、石刻上的字拓下来）之用，于是促进了造纸技术的进一步发展。

唐代有人用纸制作帽子、屏风。后来在房子里挂"条幅"，在大门上贴"门神"或"福"字，形成一种风俗。两宋印发"交子"（即"会子"）作为丝蚕米麦交换的证券，这是世界上最早的纸币，它的应用促进了社会经济发展，加强了各地区各民族的联系。不仅如此，社会生活的其他方面也大量地应用纸张，如做账簿、糊窗户、扎灯笼、制雨伞、做油扇、造鞭炮等。

唐代文学艺术的繁荣，也跟造纸业的大规模发展分不开。许多著名的诗人、画家，如李白、杜甫、白居易、吴道子等涌现出来。作品似繁花满园，人才犹群星耀眼，受到人们的赞美和欢迎，促成了国际文化交流。于是纸张和造纸法也伴随着我国灿烂辉煌的民族文化，作为珍贵的礼物传入到世界上许多国家。

造纸鼎盛时期的特点是：纸张的品种和产量增多、质量大大提高；加工技术日益发展；纸张的应用更加普及，深入日常生活。更重要的是，自唐代开始造纸法西传至世界各地，成为全人类共同的技术财富。①

我国历史上的元、明、清三代，总共经历了500多年的时间，这是封建社会的晚期。封建制度经过若干朝代的更迭动乱，已经面临走下坡路的境况。然而，我国明代至清乾隆这一段时间内，欧洲的"文艺复兴"（1350—1550）、"科学革命"（约1500—1750）、"工业革命"（约1750—1900）相继兴起，资本主义的生产方式取代了中世纪的封建主义的生产方式，从此欧洲的科学技术获得了空前的发展。相反，由于我国封建制度和思想意识的束缚，加上后来帝国主义的入侵，在那种令人窒息的历史条件下，造纸业也同别的手工制造业一样，处在一个缓慢发展的阶段。

尽管如此，劳动人民的生产实践活动，仍然积累了许多手工制竹纸、皮纸的好经验，并传于后世，这是很有意义的。

1840年鸦片战争后，中国沦为半殖民地半封建社会。1891年上海兴办"伦章造纸局"（后改名为上海天章造纸厂），引进了英国造纸机器和技术，我国的造纸业由此开始逐步转入机制纸（即机器造纸，以别于手工纸）的生产阶段了。②

① 刘仁庆. 造纸入门[M]. 北京：轻工业出版社，1981.
② 缪大经. 为"上海机器造纸局"正名[J]. 中国造纸，1996（4）.

# 第二节　造纸方法的演变

由于各地采用的原料和环境条件不同，传统造纸的过程略有差异，但大同小异。整个流程大致是：选料——浸泡——发酵——蒸煮——堆晒——碾浆——抄纸——压榨——烘干——成纸。[①]

选料主要是根据地区或者季节挑选原料（如竹子、树皮、草），除去根、梢、叶、穗和杂草等，切料后捆好备用。然后，把原料投入清水池中洗净后浸泡数天，使其中的水溶性物质溶出。捞起后，蘸石灰乳露天堆置发酵。经过发酵后的原料再放到"蟆甑"（由大铁锅扣上倒立着的木桶组成）内，加石灰（或草灰、碱）蒸煮，时间长短视具体情况而定。蒸煮后的浆料放到水池里反复洗涤，把残灰渣、残碱洗净。再送到向阳的平坡上，摊开日晒，直至浆料变白。以上是传统古法制浆过程。

然后，把浆料用石碾或捣舂捶打成"泥浆状"，直至纤维在水中能单根分散开来。再送去"抄纸槽"（石质或木料做成的方形槽），加清水和杨桃藤胶汁，用木棒搅匀，等到纤维均匀"浮游"，以竹帘（用细竹条以丝线贯串编成，然后刷上生漆）就势荡起浆料，"轻荡纸薄，重荡纸厚"。提起竹帘把帘上形成的湿纸反落在潮湿的细白布上（第一张是如此，以后

---

① 刘仁庆.造纸入门[M].北京：轻工业出版社，1981.

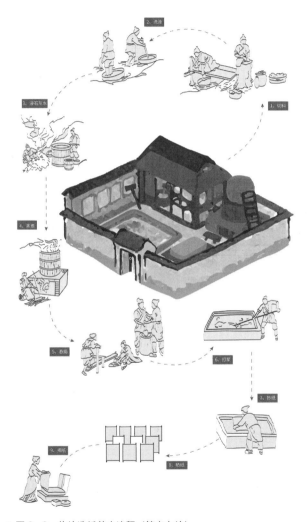

▲ 图2-3    传统造纸基本流程（笔者自绘）

利用湿纸本身），如此逐张抄造。待纸重叠到近千张，以杠杆重力压榨，挤去多余水分而成"纸饼"，将"纸饼"（湿纸）一张张揭起，用毛刷轻刷到火墙（焙坑）上干燥或露天晒干。至此，抄纸过程即告完成（见图2-3）。

土法造纸的生产周期长，劳动强度大，工具设备简单，产量有限，与近代的机制纸生产相比，已退到次要的地位。但是手工抄纸能使纤维在横纵方向均匀交织，从而得到较好的、适应书画要求的纸张，例如宣纸，这一点却是现代机制纸所不及的。[①]

土法制浆的成本低，但纸浆品种较杂，如用石灰处理过的土草浆不易漂白，不适于生产文化用纸。而碱蒸煮的草浆容易漂白，应用面较宽，造纸厂在使用这类土法纸浆时须分开处理。

18世纪，工业革命为手工业工坊向大机器生产过渡创造了条件。英国工业革命首先从资本周转较快、获利优厚的轻工业部门开始。1764年第一个技术革新——手摇纺纱的"珍妮机"，由纺织工人詹姆斯·哈格里夫斯创制出来。接着，1767年理发员兼机械师查理·阿克莱发明了线织机。不久，用水力推动的梳棉机、粗纺机等也诞生了，使纺织工业的面貌焕然一新。

1782年，在前人工作和经验积累的基础上，瓦特等人几次改进的蒸汽机很快在生产中发挥了巨大作用。蒸汽机犹如

---

① 潘吉星. 中国的宣纸[J]. 中国科技史杂志, 1980(2).

火车头，带动了各个工业部门朝向机械化的轨道飞速前进。由发动机、传动机和工作机组成的联合体系，突破了自然条件的限制，大大地改变了人与自然的关系。

工业革命对造纸业也产生了很大的影响。特别是 19 世纪电的发现与利用，更有助于造纸生产完成具有历史意义的转变。从传统手工造纸到机器造纸在技术上的五个具有历史意义的革新如下：（1）1750 年荷兰式打浆机的出现；（2）1804 年第一台长网造纸机问世；（3）1844 年利用木材制造磨木浆成功；（4）1866 年化学法木浆（亚硫酸盐法）投产；（5）1884 年硫酸盐法开始生产。造纸系统的机械化和制浆系统的化学化，使机制纸生产日益具备现代化大生产的规模，成为名副其实的造纸工业了。

现代的造纸工业所生产的纸浆、纸张和纸板，世界年产量是几亿吨。纸在国民经济中占有相当重要的地位。造纸工业的特点表现为：（1）建厂的投资额较大；（2）消耗的纤维原料较多；（3）能源耗用量较高；（4）设备庞大；（5）造纸用水量较多。每吨纸需用十几吨到几百吨水，产生的污水量也很大。在今天，造纸工业已经是每个独立国家所必需建立的经济部门之一了。[①]

现在，纸张绝大多数是用机器生产的，一般的造纸过程，以化学法为例，简单地说就是先将原料（草类或木材）切成一定尺寸的小片（备料），放到蒸煮器内加化学药液并用蒸汽

---

① 刘仁庆. 造纸入门[M]. 北京：轻工业出版社，1981.

进行处理（蒸煮），把原料煮成纸浆。然后用大量的清水冲洗纸浆（洗涤），通过筛选把浆中的粗片"浆疙瘩"除去（筛选）。根据纸种的要求，用漂白剂把纸浆漂到一定白度（漂白），接着利用打浆设备加以叩解（打浆），最后送上造纸机经过网部滤水、压榨脱水、烘缸干燥、压光卷取。这样，一卷卷洁白的纸张便生产出来了。[①]

今天，各种规模的造纸厂工艺流程大体相同，不外乎备料（切片）蒸煮、洗涤、筛选、漂白、打浆、抄纸等，差别主要体现在生产结构、技术措施或者设备配置、操作条件等方面。

普通造纸厂，主要包括制浆车间和抄纸车间两大部分。此外，还有水、电、汽、机修等辅助部门。我国的造纸原料结构基本上是木材和草类，也有利用商品纸浆、废纸的。在制浆方法上，目前以化学法（碱法、酸法、中性盐法）的应用较多，因此造纸厂的废水污染问题应引起足够的注意。

## 第三节　传统造纸基本工艺的新发展

从古到今，造纸所用的主要原料都是植物纤维，诸如木材、芦苇、竹子、麦秸、稻草、蔗渣、树皮、麻等。随着社

① 余贻骥.现代造纸工业中高新技术的应用与发展[J].造纸信息，2003(2).

会的发展进步，造纸所用纤维原料的种类和造纸产品的应用
范围都在不断扩大。如果把以植物纤维为主制成的纸叫做"第
一代"纸，那么用合成纤维制成的纸和以塑料薄膜为纸胎制成
的纸，则可叫做"第二代"纸，又被称为合成纸。近几年，国
内外又出现了"功能纸"。所谓功能纸，就是采用某些特殊原
料，抄造出具有某些特殊功能的新纸种。有人把这类功能纸
称为"第三代"纸。[①]

普通的纸，抄成后未经再次加工，一般称为纸或原纸。
为了提高纸的品质、增加装饰效果，或者为了赋予纸面特别的
性能，对原纸进行再加工，所得到的成品便称为加工纸（如涂
布印刷纸、复写纸等）。如果仅仅依靠加工还不能满足某些特
殊用途的需要，还可采用新的纤维原料和加工措施，从而获
得具有某种特殊功能的纸。耐火纸、夜光纸、电磁波屏蔽纸
以及被誉为"东方魔纸"的车用保洁纸等，均可视为功能纸。[②]

尽管人们对功能纸的应用和了解还比较少，但可以预测，
在不久的将来，功能纸将更多地出现并为人们所熟悉。

① 王连科. 造纸原料的历史发展和未来趋势[J]. 黑龙江造纸，2009(3).
② 刘仁庆. 功能纸：概念与概况[J]. 中国造纸，2004(3).

第三章

# 中国传统手工造纸原材料

　　韩愈是唐宋八大家之一，他不仅诗写得好，散文也写得"独树一帜"，他有一篇散文《毛颖传》。"毛颖者，中山人也"，毛颖是毛笔的别名，文中借作人名。毛，指兔毛。颖，指毛笔的锋毫。《毛颖传》讲毛颖与"会稽褚先生友善"，会稽即绍兴，是历史上著名的造纸产地，褚先生代指纸张，因其时纸张以楮树皮为原料，后来人们干脆用"楮"作为纸张的代名词，"楮先生"的称号就是这样来的。[①]

　　从文献记载及现存文物来看，古代的造纸原料主要有麻、皮、藤、草和竹五大类，楮皮仅是树皮中的一种。只是麻和藤这两种原料应用逐渐减少，而树皮从东汉开始到近代一直是造纸原料，所以"楮先生"这个雅号也一直沿用到现在。

　　虽然今天的造纸原料更加丰富了，但传统的原料依旧起了不小的作用，有些造纸原料至今仍在使用，以造出特种纸和定制纸。下面我们就跟随时间的推移及技术的演变来介绍传统造纸的原材料。

① 张大伟，曹江红. 造纸史话［M］. 北京：社会科学文献出版社，2011.

# 第一节　麻类

　　麻类是最早使用的造纸原料，常用大麻（见图3-1）和苎麻（见图3-2）。古人造纸开始时是用麻浸沤后的残缕，后来采用纺织的剩余废料或者破旧的麻纺品，就不再使用生麻。麻纺品中的麻纤维是经过蒸煮或发酵的，这样就为造纸提供了现成的纤维。尽管用这些废旧麻纺品有时还要经过蒸煮分离，但这种蒸煮比生料的蒸煮要简单得多，可以说既省时又省力。而且既然是剩余废料，制作成本就会降低。如果用生麻作为造纸原料，不仅蒸煮的要求高得多，其价格也比麻纺品废料高出很多。

　　由于废旧麻纺品价格低廉，制造更为便捷，加上麻纤维强度高、质量好（见图3-3），所以从汉代发明纸以来一直到宋代，麻纸无论在质量或数量上都始终占第一位。东汉时"天下莫不从用"的蔡侯纸就含有麻。魏晋南北朝时，虽然皮纸和藤纸都有所发展，占主要地位的仍旧是麻纸。西晋大文学家陆机和东晋大书法家王羲之都用麻纸书写，从敦煌石室藏经洞的写经纸到新疆出土的晋代纸画（见图3-4）都是麻纸，更充分证明了这一点。[①]到了唐代，麻纸发展为白麻纸、黄麻纸和五色麻纸等，各有各的用途。诏令、笺表用白麻纸，写

---

① 参见韩飞. 从纸的一般性能看敦煌悬泉置遗址出土的麻纸[J]. 丝绸之路，2011（11）.

◀ 图 3-1
大麻[1]

▶ 图 3-2 苎麻[2]

---

① 图片来源: https://image.baidu.com/.
② 图片来源: https://www.facaishur.com/zhishi/51674.html.

▶ 图3-3 纤维较好的麻①

▲ 图3-4 吐鲁番市阿斯塔那13号墓出土的东晋时期《墓主人生活图》纸画②

经用黄麻纸。官府抄书也用麻纸，仅唐玄宗时洛阳、长安两地抄写的四部库书就达125960卷，可见麻纸用量之大。《新唐书·艺文志一》："大明宫光顺门外，东都明福门外，皆创集贤书院，学士通籍出入。既而太府月给蜀郡麻纸五千番。"唐朝众多书院都使用麻纸，可见麻纸在唐时仍占统治地位。

　　自宋以后，由于造纸业的发展，麻纸的优势地位逐渐被别的纸类所代替。纺织原料起了变化，棉花在全国广为种植，

① 图片来源：https://zhuanlan.zhihu.com/.
② 图片来源：https://zh.wikipedia.org/wiki/阿斯塔那古墓群#/media/File：Living_scene.jpg.

同麻相比，棉花不需要经过分离纤维的工序，使用更为方便，因而逐渐代替麻成为主要纺织原料。麻只用来织造盛夏穿的"夏布"或制作绳索、麻袋。麻织品少了，作为造纸原料的废旧麻织物也相应减少。随着竹纸的兴起和发展，麻纸终于为竹纸所代替。但麻毕竟是较好的造纸原料，纤维素含量高达70％左右，杂质少，纤维强度高，只是价格较贵。现代造纸工业在生产卷烟纸、复写纸、电缆纸和钞票纸等高级纸张时仍掺用麻或直接以麻为原料。

**麻纸出土文物时间表：**

1933 年，新疆罗布淖尔出土了公元前 49 年的西汉麻纸；

1942 年，居延查科尔帖出土了西汉有字麻纸；

1957 年，西安灞桥古墓中出土了公元前 140—前 87 年的西汉麻纸——"灞桥纸"；

1973 年，在甘肃居延汉代金关发现两张公元前 52 年的西汉麻纸残片，称为"居延纸"。

1978 年，在陕西扶风县中颜村汉代窖藏中，出土了三张西汉时的麻纸"扶风纸"。

1979 年，甘肃敦煌马圈湾烽燧遗址出土两汉麻纸——"马圈湾纸"。

1986 年，在甘肃天水市附近的放马滩古墓葬中，出土了西汉初年文、景二帝时期（前 179—前 141）的放马滩"纸地图"。

1990 年，在敦煌悬泉置遗址出土多张留有墨迹的麻纸，被确认为西汉武帝至昭帝（前 140—前 74）时物。

# 第二节　皮类

东汉蔡伦在用麻头、破布、渔网造纸后，又用树皮造纸，说明东汉中期除麻纸外，又有了一种新的造纸原料。蔡伦所用的树皮是楮树的树皮（见图 3–5）。到魏晋时，开始用桑树的树皮造纸（见图 3–6）。西晋张华写给祖父的信就用的桑皮纸（见图 3–7）。这种用树皮造成的纸，称为皮纸。[①]用树皮造纸，在造纸技术上是一个重大突破。因为过去用废旧麻纺品造纸，只要将麻纺品捣碎略加蒸煮，就能制成纸浆。而树皮除含有纤维素外，还有木质素和果胶，用树皮造纸需要先经过碱液蒸煮，去掉木质素和果胶，把纤维分离出来，再进行舂捣，才能制成纸浆。在制作树皮纸浆的过程中，一套比较完整的制浆工艺流程也就开始形成了。

---

① 佚名. 中国的传统古纸[J]. 华夏人文地理, 2001（1）.

◀ 图3-5　楮树树皮[1]

▶ 图3-6　桑树树皮

▲ 图3-7　古法制作的桑皮纸

---

① 图片来源：https://www.zhifure.com/snzfj/70298.html.

正因为用树皮造纸对蒸煮的要求比用废旧麻纺品造纸高得多，树皮的价格也不便宜（以楮皮为例，南北朝时北方一亩楮树的树皮相当于十匹绢的价格），而且树木生长缓慢，树皮的来源有一定限制，所以皮纸产量远远不能与麻纸相比。但皮纸坚韧敦厚，具有麻纸所没有的优点，所以在南北朝时，皮纸产量仍保持相当的水平。唐宋时期，随着皮纸的生产技术日益成熟，皮纸的质量进一步提高，与麻纸相比，更适宜书写和绘画，如唐代冯承素的《兰亭序》摹本和韩滉的《五牛图》用的都是皮纸。之后皮纸用于书画日益增多。到了五代，南唐以楮树皮为原料制成一种高级书画用纸——澄心堂纸。澄心堂纸洁白、光润，至北宋时被认为是不可多得的名纸。宋代的皮纸质量远高于唐代，用皮纸绘画更加普遍。宋元之后，麻纸、藤纸已为竹纸所取代，从此皮纸成为主要的书画用纸。到明清时，以青檀树皮为原料的宣纸有了很大的发展，在书画用纸方面开始占较大的比重。但用皮纸书画的仍大有人在，传世的明代书画很多是用楮皮纸和桑皮纸。楮皮纸和桑皮纸仍然是重要的书画用纸。楮皮纸和桑皮纸的另一特点是质地坚牢，富有韧性，耐折耐磨，因而是纸币的理想材料。宋代和金代的会子、宝券等纸币用的都是楮皮纸。因而人们又称纸币为楮币或楮券。元世祖忽必烈中统年间（1260—1263）发行的"元宝钞"都是用桑皮纸印成的。明太祖朱元璋洪武年间（1368—1398）发行的"大明通行宝钞"用的也是桑皮纸。[1]

除楮皮、桑皮和青檀树皮外，木芙蓉的皮也是一种造纸原料。隋唐五代时四川成都盛产木芙蓉，当时蜀人就用它的皮造纸。著名的薛涛笺就是以木芙蓉为原料造的纸。明代也仍有木芙蓉造纸。《天工开物》就提到用木芙蓉造的纸叫做"小皮纸"，用来做雨伞和纸扇。此外，唐代广东罗州（今广东廉江市）还用栈香树（瑞香科沉香属植物）的皮造纸。

我国浙江、安徽和江西地区，是纯白楮皮纸的重要产地。其中，浙江的常山和开化一直以来都以生产优质的楮皮纸而闻名。

乾隆时期，开化皮纸的质量达到了极佳的水平，乾隆帝本人也非常喜欢。清宫内最珍贵的殿版书（即清代内府刻本），都选择使用开化皮纸进行印刷。1932年，瑞典亲王来华，在故宫博物院参观时，看到了乾隆时期使用开化皮纸印刷的殿版书，赞赏有加。开化纸是由楮皮和参皮（三桠皮）制成的，其质地细致洁白，一般的皮纸无法与其相提并论。然而，自清代中期起，由于竹料连四纸（也称为连史纸）盛行，且价格较为低廉，开化皮纸式微。尽管如此，它的独特品质和历史贡献仍为人称道。

湖北皮纸的发展历史至少可以追溯到康熙时期。兴国、麻城、房县、长阳、通山、采风、利川等地是湖北皮纸的主要产区。在这些地方，人们利用树皮纤维制作纸张，形成了

---

① 李坚. 闲谈明代纸币——大明通行宝钞[J]. 安徽钱币，2006（4）.

独特的皮纸制作工艺。

清代，西南各省的楮皮纸也有所发展。特别是广西的大瑶山地区和红水河流域，有十几个县专门生产纱纸（即楮皮纸）。其中，广西的都安、马山、东兰等县的产量最为丰富。四川也是皮纸的重要产地。据《四川省志》：楮纸在保宁、江油均有生产，夔州、雅州、嘉定以及忠州、梁山也出产蠲纸（楮纸）和竹纸。这表明四川不仅生产楮皮纸，还生产以竹为原材料的纸张。云南的皮纸以双抄纸为佳。制作双抄纸需要在纸浆中添加多层纤维，使纸张更加坚韧耐用。云南地区在皮纸制作方面具有一定的专长和优势。湖南的皮纸产量也相当可观。据《湖南通志·长沙府志》：衡州、耒阳、郴州、兴宁均产皮纸，而浏阳的皮纸制作工艺尤为精细，与贵州所产的皮纸相似，用于制作书画屏障特别出色。

总的来说，湖北、广西、四川、云南和湖南等地区的皮纸发展历史悠久。在这些地方，人们利用当地丰富的楮树资源和独特的制作工艺，生产出高质量的皮纸。这些皮纸不仅用于书写和绘画，还用于制作屏风等，展示了中国传统纸张制作的精湛技艺和独特魅力。

自中原传入纸张制作技术后，新疆和西藏纸业经历了一千多年的发展历程。当地的纸张制作就地取材，主要使用桑树皮、麻纤维和其他可获得的原料。据记载，乾隆三十七年（1772）刊行的《围疆志》中提道：回纸有黑、白二种，以桑皮、棉皮絮做成，粗厚坚韧，小不盈尺，用石子磨光，方堪书写。这说明当时的新疆纸张主要分为黑纸和白纸两种。

其制作材料主要是桑树皮和棉絮，经过精心组合制作而成，纸张质地粗糙但坚韧耐用，一般尺寸较小，需要用石子磨光后才适合书写。

另外，《新疆图志》中也有关于纸张制作的描述："咸丰中，和阗始蒸桑皮造纸，韧厚而少光洁，乌鲁木齐、吐鲁番略变其法，杂用棉絮或楮皮、麦秆揉合为之，纸身大抵皆粗率，不可以为书……"[①]可见，新疆的纸张制作在咸丰年间开始采用蒸桑皮的方法。这种纸张韧厚但缺乏光洁度。而乌鲁木齐和吐鲁番等地则混合使用棉絮、楮皮和麦秆等材料制作纸张，可惜的是纸张质地粗糙，不适合书写。

西藏的造纸传统可以追溯到唐代。其在清代的发展，我们可以从嘉庆九年（1804年）江苏金山人周蔼联随驻藏大臣驻西藏时的记述中找到一些线索。周蔼联在《竺国纪游》一书中介绍了藏纸的特点和制作方法。他称藏纸与茧纸相似，但更为坚韧。有些藏纸甚至可以达到三四丈（9米～12米）的长度。他曾购买过一幅长一丈二三尺（约三四米）的藏纸，纹理坚致如高丽纸。然而，这幅纸被他带到成都后，不幸被火烧毁，令人惋惜。藏纸也被称为藏经纸，用于制作藏经。周蔼联提到，藏纸的原料是一种叶子形似槐树叶，花朵类似红花的草。将这种草的根部进行浸泡、捣碎，使用的是类似制皮纸的方法。藏纸质地坚韧、色白、厚实。

① 安尼瓦尔·哈斯本，杨静.维吾尔族桑皮纸及其制作工艺[J].新疆地方志，2012(1).

　　然而，这份文献没有详细说明藏纸制作使用的是哪种皮料。日本的植物学家在考察后认为，喜马拉雅山脉自然生长着许多三桠皮，藏人可能是使用这种植物来制作纸张。此外，西藏高原怒江上游地区生长着一种藏语发音为"冬麻"的多年生豆科常绿灌木。这种植物的韧皮纤维良好，藏人也可能使用它来制作纸张。

## 第三节　藤类

　　藤纸是以青藤的皮为原料造的纸，是在树皮造纸的基础上发展起来的。《博物志》记载："剡溪古藤甚多，可造纸，故即名纸为剡藤。"剡溪在浙江嵊州市，位于曹娥江上游。《博物志》的作者张华（232—300）是西晋时代的文学家，由此推断，藤纸在西晋就已出现。东晋时，藤纸有了进一步的发展，范宁在浙江任地方官时曾下令"土纸不可以作文书，皆令用藤角纸"。可见当时藤纸生产已达到一定的数量与质量。藤纸的全盛时期在唐代，当时官府文书使用最多的是麻纸，其次就是藤纸。①

　　藤纸分为白藤纸、青藤纸和黄藤纸等多种，书写用途各不相同。藤纸的产地也在逐渐扩大，除剡溪外，余杭县由拳

---

① 刘仁庆. 论藤纸——古纸研究之四 [J]. 纸和造纸，2011（30）.

山旁的由拳村，也出好藤纸。此外，浙江、江西近山傍水的产藤地区几乎都生产藤纸，比较著名的就有浙江的杭州和婺州（今金华），江西的信州（今上饶）。剡溪在唐代仍是藤纸的著名产地。当时的诗人顾况专门写过一首《剡纸歌》，赞扬剡溪藤纸光滑得如同蕉叶，可用来写经。但藤生长缓慢，一般人只知砍伐，不知栽植，剡溪的藤纸终因原料缺乏，从唐代开始逐渐衰落，当时有人还专门写了一篇《悲剡溪古藤文》，由于"晓夜斩藤"，最后"不复有藤生于剡矣"。到了宋代，剡溪的藤纸让位于天台山地区的藤纸，这种藤纸被称为台藤。天台山在剡溪的东南，宋代有"台藤背书，滑无毛，天下第一，余莫及"之说，[1] 可见台藤的质量很高。米芾《十纸说》中提到的由拳纸，即由拳出产的藤纸。从以上文献记载来看，藤纸在宋代曾颇为流行。

## 第四节 竹类

竹纸是在麻纸和藤纸逐渐衰落的情况下发展起来的一种纸。至于竹纸的起源，有人根据宋代赵希鹄在《洞天清禄集》"若二王真迹，多是会稽竖纹竹纸"的记载，认为既然二王（王羲之和王献之）的真迹写在竹纸上，那么东晋自然已

---

① 王淳天. 小议剡藤纸[J]. 南风，2016(20).

经有竹纸了。不过遍查唐代以前的文献，都无有关竹纸的记载。最早提到竹纸的文献是唐代李肇的《国史补》。《国史补》在介绍各地著名纸张时，提到"韶之竹笺"。韶指韶州，今广东韶关一带。李肇是唐宪宗元和年间（806—820）的文学家，这说明中唐时期广东地区已生产竹纸。北宋初年苏易简的《文房四谱·纸谱》中曾说"竹纸如作密书，无人敢拆发之，盖随手便裂，不复帖也"，说明当时竹纸的质地还不够紧密，强度也不好，容易破裂，一般还不能用来书写（见图3-8）。<sup>①</sup>大书法家米芾在《评纸帖》和《书史》中也谈到他50岁时才开始用竹纸作书。这都说明北宋初年竹纸还不很普遍，如苏轼（1037—1101）就认为竹纸是新出现的一种纸，竟说"今人以竹为纸，亦古所无有也"。<sup>②</sup>国外对竹纸的记载最早在19世纪70年代，1875年英国劳特利奇曾写过一本论述竹纸的小册子，并用竹纸印刷，这是西方第一本竹纸印刷的书<sup>③</sup>，比我国唐代要晚1000年左右。

---

① 李诺，李志健. 中国古代竹纸的历史和发展[J]. 湖北造纸，2013(3).
② 司空小月. 竹纸　昔日的繁华[J]. 国学，2010(3).
③ 关传友. 中国竹纸史考探[J]. 竹子学报，2002(2).

▶ 图3-8 古法做的竹纸

　　竹纸之所以出现较晚，与竹子的结构有关，竹竿内纤维属茎秆纤维，分离茎秆纤维比分离表皮纤维要困难一些：竹材质地坚硬，结构复杂，细胞组织紧密，化学组成比较复杂，木质素的占比高达1/3左右。在长期的实践中，劳动人民逐步掌握处理竹材的技术，选取嫩竹、长期浸漂、加工捶洗、长期高温蒸煮，终于造出纸来。由于用茎秆纤维造纸的工艺比较复杂，竹纸的出现是造纸技术上的又一次重大突破。

　　竹纸的制造虽然复杂，但竹材作为造纸原料，也有其他原料无法比拟的优点。南方山区到处都有竹林，不需人工栽种；每年自然长出一批新竹子，而且生长迅速，隔年就可砍伐。砍掉一批又长出一批，资源极为丰富，价格也非常便宜。所以在竹纸制造技术难题解决之后，竹纸发展极为迅速，南宋时就有"今独竹纸名天下"（《嘉泰会稽志》）的说法，当时，竹纸已取代麻纸、藤纸成为产量最多的一种纸。宋元之后，一直到明清，竹纸始终居于统治地位，而南方盛产竹子的福建、江西、浙江三省也成为主要造纸产地。[①]特别是福建，明代《天工开物》中就提道："凡造竹纸，事出南方，而闽省独专其盛。"直到今天，福建用竹制造的玉扣纸仍是我国著名的出口产品，名闻海内外。

## 第五节　草类

草纸，顾名思义，是以草类纤维为原料造的纸，但一般是指以稻秆或麦秆为原料的纸张。关于草纸的起源，有人认为东晋人范宁所说"土纸不可作文书"中的"土纸"就是指草纸。笔者认为土纸有可能是草纸，也可能是指粗糙的纸。不过麦草造的纸张在唐诗中已有所反映，著名诗人元稹（779—831）就有"麦纸侵红点，兰灯焰碧高"的诗句，说明至迟到唐代已出现草纸了。到宋代，苏易简在介绍各地造纸原料时，已明确提出"浙人以麦茎、稻秆造纸"。[②]

我国草类资源丰富，但在清代以前，其他原料尚能满足造纸需要，故草类造纸不甚发展。到了清代造纸业有所改变，但品种仍不多，单独用草浆生产质量较优的书写用纸尚属少见。掺用精制稻草浆制造高级纸者，唯泾县宣纸而已。低

① 王诗文. 中国传统竹纸的历史回顾及其生产技术特点的探讨[C]. 中国造纸学会第八届学术年会论文集，1997.
② 潘吉星. 中国造纸技术简史[J]. 国家图书馆学刊，1986(3).

级草纸的产量则大大提高，如浙江富阳所产的坑边草纸，成为当地重要产品。桐庐、余杭、新登等县亦盛产草纸，浙江草纸多运销上海、南京及华北各大中城市，多用作商品包装纸和卫生纸。到了晚清，各地都有草纸生产，浙江草纸销量下滑。

在包装用纸方面，在洋纸和国内机器制包装纸尚不发达的年代，商铺包扎物品主要用草纸。江南各大城市大多用三丁纸、名槽纸等草纸包装南货。富阳还生产一种大幅草纸，是用草浆混合桑皮制成的，供商品包装布帛、衣物之用。最粗的草纸有卷爆竹用的爆料纸和建筑用的草筋纸，江西宜黄、崇仁所产的牛舌纸，福建安溪产的角纸，都是作为此项用途的稻草纸。

在地区特征方面，河南、山东、山西等地多用麦草、蒲草；陕北、甘肃、宁夏产马莲（蔺）草，这种草很像兰花，故又称马兰草；西北盐碱地区生长的无节草，称为织机草或芨芨草；东北则多用乌拉草。以上这些野生草类，在清代末期，当地居民已用以抄造粗草纸。

在生产技术方面，草浆仿照竹浆、皮浆的精制方法，制成漂白草浆，掺用于皮料或竹料制造洁白上等纸，以降低成本。著名的泾县宣纸，就是用一定配比的精稻草浆与檀皮浆制造。稻草浆之所以能配制于其他长纤维制造优良纸张，主要是当时使用日光漂白法大大提高了稻草浆的纯洁度和白度。至于我国采用西法制造草浆，则始于20世纪初，1904年《东方杂志》一卷十期载："湖南善化张君，自日本返里，学得稻草造纸之法，如法制造，出纸颇佳，与赣省抚州皮纸无异，湘中伞店皆采用之。"又汉口有陈兴泰使用稻草、蔗渣、芦苇等草类原料制造日用纸张，1906 年《东方杂志》三卷三期载："陈兴泰于汉口桥口地方，设一造纸厂，先以芦柴（芦苇）、蔗渣、稻草杆等物，试造日用纸张，候有成效，再购机器制造洋纸。"以上资料可以说明，清末是我国采用西法制造草类纸浆的开端。[①]

草纸与竹纸一样，也是以茎秆纤维为原料。稻草和麦草的纤维含量约占 36％与 40％，比竹竿还要低，而且纤维短而粗，细长比极低。因而一般工艺的草纸纸质粗糙，是一种低级纸张，不能用于书写。但稻麦是我国主要作物，稻麦秆的资源丰富，价格便宜，所造的纸也比较便宜，适宜用作迷信用纸、手纸以及包装用纸。《天工开物·杀青》就提到用于迷信的火纸是由竹、草两种原料混合制成的。迷信用纸在古时用量相当大，手纸则是生活必需品，所以草纸的产量并不少。[②]

除稻麦外，还有很多其他草类的茎秆纤维可用来造纸。如荻蒿草，宋代江西弋阳县黄家源、石垅等地就用其来造纸。荻蒿是水泽或洼地中的野生植物，枝秆高大，可达四五米，每年霜降后收割，经日晒风吹，干燥以后，能贮藏二三年之久，是极好的造纸原料。后来芦苇、芨芨草、高粱秆、玉米秆、

---

①　戴家璋. 中国造纸技术简史［M］. 北京：中国轻工业出版社，1994.
②　刘仁庆. 中国早期的造纸技术著作——宋应星的《天工开物·杀青》［J］. 纸和造纸，2003（4）.

龙须草、荒山草、芒秆等草类纤维植物都先后用于造纸。[①]直到现在，草类纤维仍是我国的主要造纸原料之一，用草类纤维造纸也是我国造纸工业的主要特点之一。

## 第六节　混合材料类

最后想向大家介绍一下混料造纸。混料造纸就是用几种原料混合造纸。我们不妨先来看看混纺衣料。日常我们穿着的涤纶混纺衬衫，绝大部分是涤棉混料制成。为什么涤纶衣料中要掺用棉花呢？原来涤纶虽然优点很多，比如坚牢、挺括，不用每次洗后熨烫，但是其吸湿性很差，制成衬衫后，穿着闷热，不吸汗。而棉花吸湿性能较好，如果搀用少量棉花，就能既改善穿着闷热的缺陷，又保持坚牢挺括。同时，棉花的价格在现阶段要比涤纶低得多，因而可以降低衣料的成本。同理，用两种不同的纤维造纸，也可以取长补短，兼有两种纤维的优点。例如，以皮料为主混入少量废旧麻织品的纤维造的纸，既可降低成本，又具有皮纸的优点。

混料造纸的起源比较早。从罗布淖尔出土的晋公牍笺是由桑皮混有少量废旧麻织品的纤维造成。据推断，晋公牍的年代在3~5世纪，说明魏晋南北朝时已开始混料造纸了。唐

---

① 　吴武汉.芦竹——一种高产优质的造纸原料［J］.天津造纸，1993（4）.

宋时，混料造纸更盛，比如，新疆出土的唐高宗麟德二年（665）卜老师举钱契，所用之纸就是由麻和楮皮两种原料混合造成的。故宫博物院收藏的北宋书画家米芾《高氏三图》所用的也是麻和楮皮的混料纸。麻纤维中掺用一点树皮，既可改善麻纤维的性能，使之较为光洁，更宜书写，又能增加原料品种，扩大原料来源，有利于提高纸张产量。①

南宋以后，麻纸、藤纸相继退出历史舞台，竹纸、草纸相继兴起，造纸的原料主要为皮、竹、草三种。这三种原料互相混合，出现了皮竹、竹草和皮草三种混料纸张。比如米芾《寒光帖》所用纸就是楮皮和竹混合而成。竹比皮要便宜得多，竹浆的性能与楮皮纸浆相差无几。皮纸中掺用竹料，显然可以大大降低成本，同时也不会影响纸张的质量。

在生产宣纸的过程中，还可掺用价廉的稻草。据说，宣纸生产中，堆放青檀树皮原料时，堆底的衬垫是稻草。生产过程中，在青檀树皮的原料中难免夹杂一点稻草，开始是无意的，后来人们就有意搭用一点稻草，经过反复实践、不断摸索，终于掌握了青檀树皮和稻草混合造纸的比例。从清代起，宣纸生产就变成青檀树皮掺稻草的混料造纸。当稻草占20％，青檀皮占80％，这种宣纸称为特净；当稻草达70％，青檀皮只占30％，这种宣纸名为棉料；也有稻草占40％，青檀皮占60％，这种宣纸叫做净皮。用稻草代替部分青檀皮，

---

① 李程浩. 富阳泗洲宋代造纸遗址造纸原料与造纸工艺研究［D］. 合肥：中国科学技术大学，2018.

以代价低廉的低级原料代替代价昂贵的高级原料，当然可以节约成本。另外，稻草吸水性能较好，在一定程度上又可改善宣纸的吸墨性能，真是"一举数得"。

夹江的竹纸其实也并非完全采用竹料，也会掺杂龙须草增加韧性（见图3-9），如今传统造纸匠人会根据前人总结的经验，不断改进造纸材料，使得纸张更为大众所接受。

由此我们可以看出，混料造纸或者能够改善纸张性能，或者能够降低纸张成本，或者能够增加纸张产量，优点很多，难怪古人喜用混料造纸。直到今天，现代造纸工业还在广泛使用混料造纸。

▲ 图3-9　竹料混合龙须草进行打堆

# 第四章

# 中国传统手工造纸流程与工艺

# 第一节 基本造纸流程

我国古代造纸工匠们创造的生产工艺，诸如发酵制浆和分级蒸煮、日光漂白、高浓打浆、流漉法捞纸等，直到 17 世纪前一直走在世界造纸技术的前列，具有明显的先进性。

西汉时期，用沤麻方法制浆，步骤较简单。先将麻头放进水塘里浸泡，经过自然发酵，除去水溶性果胶制成麻缕，这是生料发酵法。由于采用这种办法得不到较好的制浆效果，于是向沤料中加进一些石灰，以强化发酵作用，促使纤维解离。后来又利用石灰作蒸煮剂。接下来是用草木灰（含有钠、钾成分）与石灰水的混合液处理原料。为了获得质量较高的纸浆，便于抄制好纸，又改成先用上述混合液多次蒸煮，然后把所得的半熟料加以堆积发酵（半熟料发酵）。如此，制浆方法就逐步地发展成为多级（段）处理，即沤料、石灰蒸煮、碱性蒸煮、半熟料发酵等。①

发酵制浆的生产成本低，对纤维的损伤程度小，纸浆的收获率较高。多次（分级）蒸煮可以得到优质的纸浆。这些为适应不同植物原料特点而发明的制浆法，在我国古代长期而广泛地被造纸业采用。直到今天，福建、江西等省以嫩竹为原料，用石灰浸渍和水浸发酵的传统方法制成的淡黄色文化用纸（如毛边纸、玉扣纸），仍然受到书法家和古籍刊印者

---

① 孙川棋，周涛. 汉麻——柔软健康的"盔甲"[J]. 中国科技奖励，2012(4).

的欢迎。

纸浆是纸张的半成品，它有未漂白和漂白之分。纸张也有原色和白色的。已知出土的汉代纸多数是原色的。换句话说，最初的造纸法中可能没有漂白工序。漂白操作起于何时尚待求证。为了提升纸的美观度和便于书写，劳动人民经过了长时间的生产实践，总结出了一个经济方便的"日光（自然）漂白法"。"雨过天晴太阳晒，晒完之后再雨淋"，这样反复处理，即可使纸浆由黄变白。[①]这其实是利用空气中的臭氧（$O_3$）产生的氧化作用，改变纤维中伴生的木素和色素的结构（使生色基团发生化学变位而成无色基团），从而收到漂白纸浆的效果。

此外，还可把纸浆在每次日晒之后，再用纯碱或桐碱（即碳酸钠或碳酸钾）蒸煮一次，以溶解（或除去）日晒过程中产生的氧化物。这种处理跟近代的氧碱漂白工艺原理相同。经日光漂白后的纸浆（如宣纸用的檀皮浆）白度很高。用它制成的纸张，其耐光、耐热性能较为优良，长期放置亦不变色。这是因为日光漂白是一种缓和的氧化作用，对纤维素分子中的基团破坏较小。不过，这种方法要花费较多的劳力和较长的漂白时间。在手工造纸业中，日光漂白作为传统的工序流传了很久。现代漂白工艺正在研究的氧气漂白，也可说是日光漂白的延续和发展。

造纸法最初起源于漂絮法，为了分散纤维（麻缕）人们

---

① 郑里."纸寿千年"话宣纸[J].质量天地，1997(8).

曾用木棒捶打。但是棒打的力量有限，客观上要求改进。在古代，农具常兼作造纸器具。比如石臼可用于舂米，也能用来捣碎浆料，并获得了较好的效果。杵臼打浆具有高浓打浆的特点：纤维切断少、"帚化"好，改善了打浆质量。但是与此同时，劳动强度也加大了。[①]

　　水碓的原理则相当简单，主要利用水位落差，使水轮转动，带动石碓连续不停地舂捣（见图4-1）。元代《蜀笺谱》中介绍宋末四川地区采用水碓打浆："江旁凿臼为碓，上下相接，凡造纸之物，必杵之使烂，涤之使洁。"这就很清楚地表明，水碓造纸不会晚于宋末。[②]水碓打浆利用水力进行机械舂捣，大大减轻了劳动强度，在有条件的手工造纸地区广泛采用。因此，水碓打浆一直在手工造纸业中占有重要的地位。

　　捞纸（见图4-2），顾名思义，就是工人用竹帘从"纸槽"中把悬浮着的纤维"捞"起，使之交织成均匀的纸张。手工捞纸是一项十分精细的操作，它要求具备相当丰富的实践经验。我国最早使用的捞纸工具，是篾席或苇席。在篾筐上加一层稀麻布，但其滤水性不良，操作也不方便，后来造纸工匠们从农用筛子之类的器物上受到启发，于是改用"筛模"捞纸。[③]所谓"筛模"，外形上跟乡村里常用的箩筛差不多。不过它是方形的，四周用竹条编成一个框架，中间部分用细丝线彼此

---

① 王菊华，李玉华. 关于几种汉纸的分析鉴定兼论蔡伦的历史功绩[J]. 中国造纸，1980(1).
② 陈启新. 水碓打浆史考[J]. 中国造纸，1997(4).
③ 张茂海. 世界制浆造纸之最[J]. 纸和造纸，1986(4).

垂直相交，形成细密的网孔。细丝线两端拉直绷紧，固定在
框架上。筛模的网面平直，以利于纸页滤水成型。筛模的长、
宽度在一汉尺（约24厘米）左右。用筛模捞纸，一定要经过
滤水、晒干等程序。这种抄纸法是一模一纸，每捞一张纸就
要占一个筛模，效率低，并且要制许多个备用的筛模，也不
经济。

竹纸打浆

◀ 图4-1　传统水
碓舂捣

▶ 图 4-2 传统
竹帘捞纸

竹帘捞纸

自晋代起，捞纸工具发展到使用竹帘。竹帘由帘子、帘床、帘尺等部分组成（见图 4-3）。苦竹丝（因为苦竹节稀，有利于制长竹丝）多根排列，以丝线贯穿其中，编连成一个整体，然后涂上生漆（从漆树上割口流出来的漆），漆干即成帘子。帘床为承受帘子的支架。帘子和帘床可以随时装好或拆开。帘尺的用处是绷紧帘子使其保持平直。

捞纸前，将帘子与帘床合起，以帘尺撑直，摆动入槽。捞纸后，取下帘尺，把帘子（帘面上有湿纸页）从帘床上提起，复倒帘子于平板上。湿纸页脱离帘面黏附在板上（板上铺层细白布）或湿纸上。一张竹帘能重复捞纸，较为简便。这种竹帘捞纸法在手工造纸业中沿用至今。（见图 4-4）

◀ 图 4-3 捞
纸竹帘

▶ 图 4-4 湿
纸脱离帘面

　　竹帘分为粗帘、细帘两种。宋代赵希鹄在《洞天清禄集》中谈到晋纸时说："北纸用横帘造纸，纹必横，又其质松而厚，谓之侧理纸……南纸用竖帘，纹必竖。若二王真迹，多是会稽竖纹竹纸……其纸止高一尺许，而长尺有半，盖晋人所用，大率如此。"这就告诉我们，横帘是粗帘，帘缝较宽，滤水快，只能抄厚纸；竖帘为细帘，帘缝较窄，滤水慢，适合抄薄纸。①这是晋代用竹帘捞纸的一个旁证。

　　捞纸时还必须使用植物胶液（即"纤维悬浮剂"），也就是宋应星在《天工开物》中所说的"纸药水汁"。植物胶液的使用，对提高纸的质量产生了显著的效果。常用的植物胶液有杨桃藤、黄蜀葵、刨花楠、青桐梗、白榆皮、油粉根等，这些胶液滑润、透明、无味，悬浮性能良好。②

　　捞纸后水分从竹丝间漏掉，在竹帘上面形成一张湿纸。再将边柱（见图4-5）拆掉，取出竹帘，将竹帘倒翻在平板上。由于竹帘具有可以卷折的特性，拎着竹帘的一边向上提，竹帘的竹丝就一根一根逐步离开了湿纸（见图4-6），最后整个竹帘离开湿纸，把湿纸留在平板上。这样竹帘又可进行第二次抄纸，只要一副纸模就可以造出千百万纸张。而且如在纸浆中加入植物黏液，平板上的湿纸上面还可以再放第二张湿纸，一张一张重叠起来，不像布纹纸湿纸粘在网筛上面占那么多的空间。当湿纸叠到一定数量时（见图4-7），在湿纸

---

①　金平. 竹纸制作技艺[J]. 西南航空，2006(11).
②　王连科. "纸药水汁"的应用[J]. 黑龙江造纸，2008(4).

▶ 图 4-5 捞
纸后拆掉边柱,
取出竹帘

◀ 图 4-6 湿纸
离开竹帘

上面加放木板，把水分压去，然后一张一张地剥开晒干或烘干（见图4-8）。总之用竹帘抄纸，减少了设备，缩短了工时，提高了劳动生产效率，从而使纸张的产量大幅度提高，不仅如此，竹丝比较挺括，整个竹帘比较平整，不像网筛容易拱起，可以抄出既匀且薄的纸张，大大提高纸的质量。用竹帘捞纸是造纸史上的一项重要突破。近代的长网和圆网造纸机就是在这种活动帘床抄纸器基础上经过改进、发展而来的。现代机械造纸已不用竹帘，也不用浇纸捞纸的方法，似乎与手工造纸没有多大关系，但是机械造纸的基本原理与传统手工造纸完全一样，也是让纸浆通过漏水设备再经过压榨、烘干成为纸张的。现代的抄纸方法是从古代手工造纸工艺发展来的，了解古代抄纸可以帮助我们了解现代抄纸的来历。

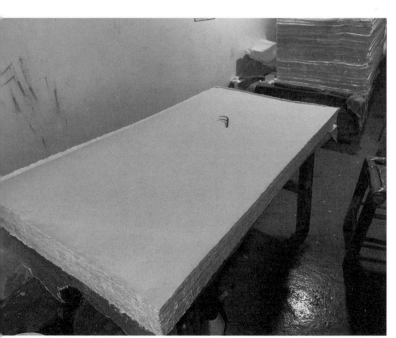

◀图4-7 被压干后的湿纸

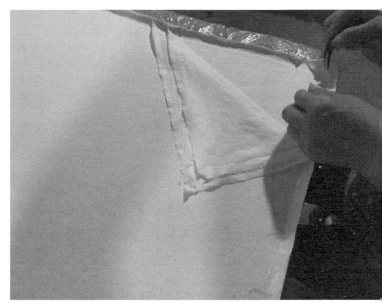

▶ 图 4-8　用揭纸工具揭纸

揭纸与烘纸

# 第二节　传统造纸的加工方式

　　"浣花笺纸桃花色","剡藤莹滑如玻璃"。前一句是唐代诗人李商隐的诗句,它赞美浣花笺具有鲜艳的桃花色;后一句是宋代文豪欧阳修的诗句,形容剡溪藤纸的莹滑光洁。浣花笺为什么会有鲜艳的桃花色呢?剡溪的藤纸又为什么会像玻璃那样莹滑?刚烘干的纸张比较粗糙,既不平整,又容易洇墨,还要经过研光、填粉、施胶或涂蜡等过程改善纸的性能,才能用来书写。为了使纸张具有一定艺术感,还要进行染色、洒金或印花等特殊加工。浣花笺之所以具有鲜艳的桃花色,是由于经过了染色;而剡溪藤纸之所以莹滑光洁,则是因为经过了砑光。<sup>①</sup>我国纸张加工有悠久的历史，特殊的艺术加工纸更是丰富多彩，各具特色。我国古代的加工纸真可算是莹滑光润、繁花似锦。下面谈谈我国古代纸张加工的大致情况。

## 一、砑光

湿纸在干燥后，整个纸面并不平整，还要经过一个把纸面压平、压光的过程。现代造纸业使用压光机，在我国古代则采取一种砑光的办法。砑是用石块碾磨的意思，光是光泽、光滑。砑光就是用卵形光滑的石块，在纸面上碾磨，把纸面凸凹不平的地方磨平，磨得表面光滑，并有一定光泽。<sup>②</sup>当然，磨平纸面不一定要用石块，后来人们又用螺壳代替石块。《云仙杂记》卷七"雨点螺磨纸"条记载："治纸之昏而不染墨者，用雨点螺磨纸，左右三千下，其病去矣。"砑光也不一定要用碾磨的办法。还有一种方法叫做槌打砑光法，将纸叠在一起，每隔十张左右，用黄葵花根的汁刷湿一张，叠到一百张左右，用厚石压过一夜，平铺石上，再用打纸槌敲打千余下，揭开晒干后，再压一夜，再打槌千下。经过这种方式砑光的纸张，纸面相当光泽。浙江剡溪生产的"硾笺"就是经过捶打的藤纸。欧阳修的"剡藤（意即剡溪藤纸）莹滑如玻璃"，说剡藤纸竟像玻璃那样平滑、光泽，可见质量之高。砑光处理后的

① 梁颖. 漫话彩笺（一）——引子 浣花笺纸桃花色［J］. 收藏家，2007(12).
② 杜安，胡晓宇，高小超. 武则天金简的制作工艺［J］. 文博，2017(6).

纸张还有个特点是质地结实，纸张的强度有很大的提高。上面说的"硾笺"就被称为"坚滑光白"，坚就是有较高的强度。[1]古代杭州生产的"乌金纸"制造时"先用乌金水刷纸，俟黑如漆，再薰过，以槌石研光"，这种经过研光的乌金纸"性最坚韧"。用乌金纸包金片，金片打薄后，纸张仍不损坏，坚韧程度可想而知。

纸张可以单面研光，也可以双面研光。比较厚实的纸张特别适宜双面研光。明代就有一种"等白笺"，经过两面研光，纸张的正反面都很光滑，比起单面研光的纸张，质量当然更加好。

开始造纸时，人们就已懂得研光。到了东汉末年，左伯造的纸被称为"研妙辉光"。可见当时的研光技术已相当高超。到了唐代，书写用纸一般都经过研光，晚唐文学家皮日休曾对藤纸作过"剡藤光于日"的评价，可见研光技术已达到较高水平。[2]

用手工碾磨的办法把纸磨平，步骤比较麻烦。现代已改用压光机把纸压光。但对某些纸张，仍采用碾磨工艺，只不过不用人力，而用机械罢了，如在制造蜡光纸的加工厂中，就是在纸上涂刷一层用各种不同颜料、染料和胶粘剂调制而成的涂料，放在机械控制的石块上自动碾磨，经过碾磨后的蜡光纸色泽鲜艳、光彩夺目。

① 刘仁庆. 论硬黄纸——古纸研究之七[J]. 纸和造纸，2011(4).
② 张秀娟. 剡藤纸刍议[J]. 中国造纸，1988(6).

## 二、填粉

纸是纤维不规则地交结在一起的薄片，如果放在显微镜底下，就可以看到这些互相交结的纤维之间有一定的空隙。这些空隙不仅使纸面凸凹不平，而且使纸具有一定的透光性。如果在纸的正面写字或印刷，字迹会从反面透出来。砑光固然可以减少部分空隙，但不能根本解决这个问题。为了避免透印和进一步改善纸的光滑度，人们又采取涂布的办法。在纸面上涂一层白色粉末，让这些粉末填没在纸面纤维空隙。当然，要把白粉涂在纸面上，还需要粘结剂帮忙。在我国古代，淀粉是一种常用的粘结剂。纸面涂粉的办法是将淀粉与水共煮，与白粉悬浮液混合，用排笔刷在纸面上。在涂刷过程中，当然不可能刷得很均匀，因此还要经过砑光处理，这样就能得到表面光滑、厚薄一致的纸张。由于涂有白粉，纸张的白度也大大增加。这种涂有白粉的纸张，也被称为粉笺。[1]如果在纸面上涂刷的不是白粉而是彩色粉末，这种涂布纸就是彩色粉笺。粉笺主要用于书画，当然也可以用作壁纸。现代的铜版纸就是纸面涂一层白色涂料的涂布纸，实际上是从我国古代粉笺发展而来的。

涂布工艺出现的时间比砑光要晚。据考古发掘的资料，新疆吐鲁番曾出土过一张抄有《三国志·孙权传》的晋代古纸。经过鉴定，这张纸的表面有一层矿物性白粉，它的化学

---

① 胡正言. 十竹斋笺谱日志　举案篇[M]. 北京：中国书店出版社，2016.

成分是氧化钙（CaO）及碳酸钙（CaCO₃）。这种矿物性白粉很可能由石垩、石灰或蜃灰等制成。新疆哈拉和卓地区也出土过一张建兴三十六年（348）的古纸，在"显微镜下见有矿物性细颗粒"。前凉是十六国之一，与东晋同时存在。这两张新疆出土的古纸至少说明了晋代我国的造纸业就已出现涂布工艺。涂布纸在国外出现的时间比较晚，据美国造纸史专家亨特（Dard Hunter）的说法，欧洲出现涂布技术是在 18 世纪。1764 年，库明斯（George Cummings）首次在英国获得涂布纸专利权。相比之下，我国造纸业的涂布工艺至少比国外要早 1400 多年。

把白色粉末直接加在纸浆中，这种工艺称为加填。用这种纸浆制成的纸张，纸面上甚至其内部纤维间孔隙内都被白色矿物粉末堵塞，这样就使得纸面平整光洁且不透印。故宫博物院收藏的北宋著名书法家米芾书写的《苕溪诗》（见图4-9），用的就是经过加填和砑光的楮皮纸，纸面很光滑。

在古代造纸技术中，还有一种类似加填的工艺，即将绿色的水苔或黑色的发菜加入纸浆，制成纸张后，纸面呈纵横交织的有色纹理，我们称之为苔纸或发笺。这是具有独特风格的艺术加工纸。

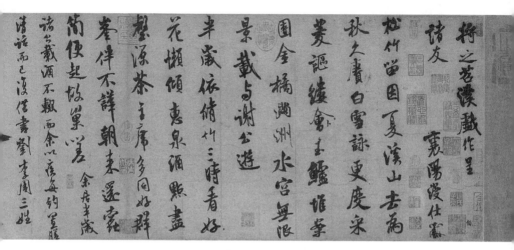

▲图4-9　米芾书写的《苕溪诗》①

### 三、施胶

纸张内不规则交织的纤维中间有许多肉眼看不见的能够吸水的毛细管。写字时，墨水与纸张接触，水分就会渗透到毛细管内，扩散开来，使字迹模糊。这就是我们常说的"洇水"现象。为了防止洇水，还要采取施胶的办法，在纸浆中加入一定数量的胶料，或在纸张表面涂刷一层胶料。通过施胶，胶料粒子充塞在毛细管内，写字时，水分就无法进入毛细管，从而避免洇水现象。经过表面施胶的纸张，纸面上能够形成一层平滑的胶膜。当湿纸烘干时，原来附着在纸浆上的胶料

---

① 图片来源：故宫博物院官网，https：//www.dpm.org.cn/collection/handwriting/228246.html.

粒子被熔化，在纸面上也形成一层光滑的胶膜。这层胶膜使纸张显得格外莹滑平整。[①]

我国古代施胶所用胶料是淀粉，具体方法是将淀粉调成糨糊状，加入纸浆，达到给纸张的表面施胶的作用。蠲纸是唐宋时杭州、温州等地所造纸名，纸质洁白莹滑，赵与时曾写道："临安有蠲纸者，泽以浆粉之属，使之莹滑，谓之蠲纸。"[②]这说明蠲纸的洁白光滑最主要是由于加入了浆粉。著名的唐代流沙笺也经过表面施胶，施胶时，先"作败面糊，和以五色，以纸曳过，令沾濡，流离可爱，谓之流沙笺"[③]。这就是说，先用坏掉的面粉加上颜色，调成很稀薄的彩色糨糊，然后让纸在上面拖过，进行表面施胶。

用淀粉施胶可以防止洇水，但也有一定的缺点。这种纸张不能存放过久，否则纸张容易卷曲，淀粉层也会发生龟裂。不但墨迹容易剥落，纸张也易于脆裂。后来，人们发现作为纸浆悬浮剂的某些植物黏液，如黄蜀葵、杨桃藤之类也是一种胶粘剂。如果明矾的水溶液加上植物黏液，让纸张在这种胶矾水中拖湿或者把胶矾水刷在纸面上，效果要比淀粉好得多。这里，明矾起了帮助胶料吸附到纸张纤维中的作用，从而达到防止洇水的目的。

纸张施胶始于何时，由于文献没有记载，无从稽考。但有人分析敦煌石室中西凉建初十二年（416）写本《律藏初分》

---

① 朱勇强，谢来苏，石淑兰，等. 纸张施胶剂发展概况［J］. 纸和造纸，1994(2).
② 赵与时.《宾退录》卷二.
③ 苏易简，等. 文房四谱（外十七种）［M］. 上海：上海书店出版社，2015.

的纸张，发现纸浆中加入了淀粉糊剂，而新疆出土的后秦白雀元年（384）衣物疏的用纸表面已施过胶。可以肯定至迟在南北朝时施胶工艺已出现了。至于用胶矾处理纸张在北宋已很普遍。唐代已开始用植物胶代替淀粉作为施胶剂，很可能在唐代已用胶矾处理纸张了，而国外用动物胶对纸张施胶最早在 1337 年，用植物施胶时间更迟，大约在 18 世纪，比我国晚了 900 多年。[①]

## 四、涂蜡

把矿物粉涂布在纸面上是为了增加纸的不透明度，防止透印。但有些纸却需要一定的透明性，例如用于临摹书画的纸，纸覆在字画上面，就要求隔着纸能看得出纸下面的字画。增加纸的透明度的办法是在纸面上涂一层薄薄的蜡。纸面涂蜡之后，透明程度就大大增加，而且纸面光滑，具有防水性能。这种涂了蜡的纸称为蜡笺。蜡笺一般用于临摹，如唐代就有人说过："宜置宣纸百幅，用蜡涂之，以备摹写。"（张彦远《历代名画记》）能够防水是蜡笺的优点。但正因为具有防水性能，涂蜡宜薄不宜厚，因为涂蜡太厚，就影响纸的染墨，不易书写。

涂蜡可以单面涂，也可以双面涂，而且涂过蜡的纸张还可以研光。故宫博物院收藏的唐代手抄本《刊谬补缺切韵》就

① 吴震. 唐开元三年《西州营名笈》初探[J]. 文物，1973(10).

经过双面加蜡、研光。北宋文学家苏轼书写的《三马图赞》也是经过加蜡、研光处理的。①

涂蜡时要轻而匀，动作轻，纸面才不易钩破；动作匀，纸面的蜡层就比较均匀。如果能够边熨烫边涂蜡，效果会格外好。平滑如砥的热熨斗既能熔化蜡层，使蜡层更为均匀，又能起到研光作用，使纸张的平滑度更为理想。著名的唐代硬黄纸，就是先"染以黄檗"，再置纸热熨斗上，以黄蜡涂匀而制成的，这种硬黄纸质地硬密，呈半透明状态，而且防蛀抗水。可用来抄写佛经或临摹书法。敦煌石室写经纸中，初唐时期《法华经》所用麻纸就是一种硬黄纸，这种纸"色黄"，"表面平滑，半透明，已打蜡熨平"。②辽宁省博物馆收藏的唐人书法摹本《万岁通天帖》以及中国国家图书馆馆藏的唐代开元六年（718）《无上秘要》的手写本，用的都是硬黄纸。宋代初年苏州承天寺制造的金粟山藏经纸也是硬黄纸（见图4-10），有人称它黄经笺。③涂蜡可以是黄色，也可以是白色。在本色纸上涂上白蜡，这种纸张称为硬白纸或白经笺。

① 刘仁庆. 略谈古纸的收藏［J］. 天津造纸，2011（3）.
② 戴家璋. 中国造纸技术简史［M］. 北京：中国轻工业出版社，1994.
③ 刘仁庆. 论硬黄纸——古纸研究之七［J］. 纸和造纸，2011（4）.

▲ 图4-10 仿金粟山藏经纸①

唐代还出现过一种粉蜡笺（见图4-11），它是在纸面上先涂粉，再涂蜡而制成的。传说当时著名的书法家褚遂良书写的《枯木赋》以及智永书写的《千字文》都是用"粉蜡纸拓"。涂布时采用彩色涂料，涂布上蜡后制成的加工纸就是彩色粉蜡笺。在彩色粉蜡笺上，还可以用金粉、银粉拌上胶料后，绘上云龙、花草、山水、如意等图案，制成泥金银绘彩色粉蜡笺，这是一种相当珍贵的艺术品。北宋徽宗赵佶用草书书写的《千字文》，所使用的纸张就是泥金绘云龙纹粉蜡笺。②

▲ 图4-11 绿色描金松竹梅纹粉蜡笺③

---

① 图片来源：雅昌艺术网 https：//auction.artron.net/paimai-art0075991131/.
② 王菊华．中国古代造纸工程技术史［M］．太原：山西教育出版社，2006.
③ 图片来源：故宫博物院网站，https：//www.dpm.org.cn/collection/studie/230865.html.

国外生产涂蜡纸张的时间比较晚，欧洲直到 1866 年才出现涂蜡纸，比我国唐代的蜡笺要晚 1000 多年。

## 五、染色

为了提高纸张的美观度，古人还用染料把纸张染成各种颜色。据记载，欧洲在 17 世纪后才出现染色纸，我国染色纸出现的时间当然要早得多。纸张染色最早见于记载的是《汉书》孟康注，他在注释《汉书》卷六十七中的"赫蹏"两字时曾提道："染纸素令赤而书之，若今黄纸也。"素指绢帛，将纸张和绢帛染成红色后再写字，这就好像后来的人用黄纸写字一样。赫蹏是西汉成帝刘骜时的纸张，比灞桥纸晚几十年；孟康是三国时代的人。这就是说，在纸张发明的西汉时代已经出现将纸张染成红色的技术。到了三国时代，用黄檗溶液把纸染成黄纸已经相当普遍。公元 4 世纪，后赵国君石虎诏书用五色纸。当时彩色纸的颜色至少已有五种。550 年，梁简文帝萧纲有次特送人四色纸三万枚，可见那时彩色纸的产量还不小。宋代更出现了谢师厚创制的谢公十色笺，颜色有"深红、粉红、杏红、明黄、深青、浅青、深绿、浅绿、铜绿和浅云"等十种。[1]

古代纸张染色的工艺，一般是纸张抄成后，再进行着色加工，方法也是多样的。魏晋南北朝时期流行的黄纸是将纸

---

[1]  王志艳. 解码造纸术[M]. 延边：延边大学出版社，2012.

张浸渍在黄檗溶液中，然后晾干而成。黄檗为落叶乔木，树皮溶液呈黄色。染黄纸的制作工艺十分烦琐，据北魏贾思勰《齐民要术·杂说》"染潢及治书法"条记载："凡潢纸灭白便是，不宜太深，深则色年久色暗也。"又记其制法云："檗熟后，漉滓捣而煮之，布囊压讫。复捣煮之，三捣二煮，添和纯汁者，其省功倍，又弥明净。写书，经夏然后入潢，缝不绽解。其新写者，须以熨斗缝缝熨而潢之。不尔，久则零落矣。"[①]

天然颜料也可以染纸。明清时期无锡县出产朱砂笺。朱砂是矿物性质的天然颜料，朱砂笺就是用朱砂加上胶料染在纸上。《江南志书》说，这种朱砂笺，"用书春联，最利笔，墨无粗涩诸病，粘之屋壁及屏障之间，历数十年，殷鲜不改"。数十年不褪色，说明染色的质量是很高的。

现代制造有色纸张，大都是将染料放在纸浆中，使纸浆着色，抄成的纸张就是彩色纸。这种方法，我国在明代就已应用。《天工开物》中就记载过这种方法："五色颜料先滴色汁槽内和成，不由后染。"这就是说，抄造彩色纸张，只要将染料溶液倒入抄纸槽内，不需要抄成纸张后再染色。这种方法比抄成纸张后再染色要简便得多、方便得多。[②]

在色彩鲜艳的染色纸中，薛涛笺是相当有名的一种。薛涛是唐代的女诗人，生于大历三年（768），原是长安人，后来父亲入蜀做官，她跟随到了四川。不久父亲病故，她定居

① 贾思勰. 齐民要术[M]. 北京：团结出版社，1996.
② 金玉红. 试论中国最早的染色纸[J]. 中国造纸，2016(35).

成都。薛涛从小就懂诗文，八岁就晓音律，与唐代著名诗人元稹、白居易、杜牧和刘禹锡等人多有唱和，写诗所用的纸张是她亲自设计的一种深红小彩笺。这是用芙蓉花的汁加入芙蓉皮为原料的纸浆造出的色纸。由于这种色纸系薛涛设计，故而被称为薛涛笺。又因为薛涛家居成都浣花溪，后人也称薛涛笺为浣花笺。

## 六、洒金

染上了鲜艳色彩的纸张，再配上一些装饰，就会具有较强的视觉冲击力。为了满足一些纸张使用者的特殊需求，造纸加工中还出现了在彩色纸或彩色蜡笺上面洒金粉或银粉的工艺。

洒金或洒银工艺即先在纸上涂粘结剂，再把金粉或银粉洒在上面。纸面上的金粉小片密集如同雨雪，叫做屑金，就是普通的洒金（见图4-12）；金粉分布纸面，称为片金；整

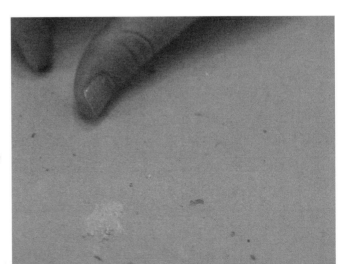

▶ 图4-12　普通的洒金纸

个纸面全部涂上金粉，就叫冷金。后来发展为用粘结剂在纸面上描绘各种花纹图案，再洒上金银粉，或直接用笔蘸上金银粉在纸面上绘出各种图案。纸面上出现金花的纸张就叫做金花纸或金花笺。金花纸装饰的图案丰富多彩，除了花草外，还有山水、人物、花鸟等，它们都出自装饰工匠的手笔，反映出豪放中包含有精细、秀美中又十分谨严的独特艺术风格。[①]

金花纸创始于唐宋，盛行于明清。洒金的历史比金花纸更早。新中国成立后在长沙出土的战国楚墓中的一座彩绘漆棺上，就能看到用金银粉描绘的图案。这就是说，我们的祖先早在战国时期就能够将金银打成薄片，再研磨成极细的粉末，用作绘画材料，使用于油漆工艺中。魏晋南北朝时期，佛教盛行，大量的金粉用于佛像的装金，同时还广泛应用于建筑彩绘、帐帷旗幡等方面。到了唐代，统治阶级穿着的服饰上面已广泛用金。在这基础上，洒金从洒在纺织品上，又发展到洒在纸张上，产生了金花纸。[②]

金花纸的用途也是多方面的。唐玄宗李隆基与杨贵妃赏牡丹，曾以金花笺赐李白，要李白当场写诗。在唐代文武官员委任状用的金花五色绫笺就是这种金花纸。民间遇到喜庆吉事，也用金花纸。比如订婚时男女双方彼此需要交换年庚（写明本人姓名、生辰八字、籍贯、祖宗三代等的帖子），这

---

① 回声. 彩笺尺素雅集[J]. 中华手工，2014(12).
② 刘仁庆. 造纸术与纸文化[J]. 湖北造纸，2009(3).

年庚就要用金花纸，上面绘有龙凤等吉祥图案。[①]

金花纸的原料要用金银，价格必然昂贵。据一份清代同治八年（1869）制造五色蜡笺工料的价目表，"洒金蜡笺，每张加真金箔洒金工料一两一钱五分二厘，每张工料银六两二钱四分二厘"。当时特别讲究的石青装花缎子，不过一两七钱银子一尺，最高级的天鹅绒，只三两五钱银子一尺。[②]金花纸的价格昂贵可见一斑。金花纸是制纸工匠和民间画师劳动成果的结晶，也是一种珍贵的工艺品，这种富有艺术风格的精美纸张足以展现我国古代造纸加工技术的卓越水平。

### 七、砑花

要让纸面呈现绚丽多彩的花纹图案，还可采用砑花的方法。砑花就是在纸面上印上各种花纹，印花有明花和暗花之分。明花比较简单，运用印刷的方法，在纸面上印上各种图案，类似现代的木刻水印方法。暗花又叫拱花，是指不用着墨的凹凸暗花，近似现代的凹凸板。印制暗花的方法是：先准备两块木板，一块刻凸出来的阳文图案，另一块刻凹进去的阴文图案，纸张放在这两块凹凸的木板之间，就能压制出凹凸的暗花。这种用压力压出花纹的纸，就叫做砑花纸。唐代李肇在《国史补》中曾提到"蜀之……鱼子、十色笺"。苏易

① 刘仁庆. 论金花纸——古纸研究遗补之三[J]. 纸和造纸，2015（4）.
② 沈从文. 中国文物常识[M]. 成都：天地出版社，2019.

简《文房四谱》具体介绍了鱼子笺的制法，即用面浆胶让它坚挺，再用强力将细布压向纸面，使纸上隐隐有纹理。显然这是一种砑花纸。到了五代，姚颛子侄曾用沉香木刻成能轧制凹凸花纹的砑纸版，图案有"山水、林木、花果、狮凤、虫鱼、寿星、八仙、钟鼎文"，轧出的暗花"幅幅不同"，人称"砑光小本"。[①]印制明花和暗花的方法还可以合起来使用，这时纸面上不但有彩色的明花，还有凹凸的暗花。比如，明代著名的《十竹斋笺谱》，明暗花都有。这部笺谱是一部诗笺图谱，明末胡正言选辑，共 4 卷，280 余幅图案。采用明花的方法，一块印版要分成多块小版，精心拼印成一幅图案，暗花运用凹凸版的印制方法，主要有衬托明花图案的流水行云、花卉虫羽，形象逼真，画面生动。[②]

还有一种水印花纹。北京故宫博物院收藏的宋初书法家李建中（945—1013）手书《同年帖》，由两张纸连接，其中较小的一张纸，纸面上有呈暗花波浪纹，但又不凹凸，这就是水印花纹。这种有波浪纹的纸，也叫做水纹纸。这种纸在唐代已经出现，明代杨慎在《丹铅总录》中曾有"唐世有蠲纸，一名衍波笺，盖纸文如水文也"的记载，这里"文"即"纹"字，说明唐代已有水纹纸了。这种纸的英文为Watermarks，德文为Wassermarke，都有水印或水纹的意思；法国称为filligranes，此词源于拉丁文qilum（波纹）和grarum（小的）。

① 刘运峰. 宋时文人之风尚［J］. 世界文化，2020（3）.
② 张浩如. 明代木刻版画艺术评介——兼评胡正言及"饾版""拱花"印刷术［J］. 图书与情报，2017（5）.

西方研究造纸史的权威都认为"1282年水纹纸在欧洲被首次应用"。[①]其实我国唐代的水纹纸比欧洲早约400年，即使从李建中的《同年帖》算起，也要早200多年。现存的我国早期水纹纸，还不止《同年帖》一种。比如上海博物馆收藏的北宋沈辽（1032—1085）书写的《所苦帖》，纸上也呈现出类似《同年帖》一样的波浪纹。北宋著名画家米芾的《韩马帖》，纸面呈现的水纹是云中楼阁的图案，这是一种更为复杂的水纹纸。[②]水纹纸的水印花纹是怎样制成的呢？原来只要在抄纸的竹帘上用丝线结扎成一定的花纹图案，抄纸时结扎丝线的地方上浆少，湿纸页上就会形成暗花，干燥成纸后就是美丽的水印花纹。这种水印纸现在已能机械制造，可用来印制票面价值较大的纸币，以防伪造。

　　纸张的加工技术是衡量造纸技术水平高低的重要指标，我国古代纸张经过研光、涂布、涂蜡、施胶和刷矾等加工处理后，有着洁白光滑的质感，而经过染色、洒金、印花等艺术加工后，呈现丰富的视觉效果，成为独具艺术风格的工艺品。

---

① 荣元恺. 纸帘水印纸与加工的水纹纸[J]. 中国造纸，1984(6).
② 荣元恺. 纸帘水印纸与加工的水纹纸[J]. 中国造纸，1984(6).

# 第五章

# 中国传统手工
# 纸的样式

　　中国传统手工纸有着独特的选材方法与制作手艺，在纸
张的纹理、色泽、质感上都和机械化生产的纸张有很大区别。
手工纸还有很多可变性，可以在制作工艺的变化中呈现更
为丰富的审美特征。手工纸的这些特性使其在艺术应用上有
着得天独厚的优势，必将在今后的文化应用中有更大的发挥
空间。

## 第一节　染色纸

　　染色是对纸的一种加工技艺。将纸原本的色彩染成其他
颜色，目的是增加美感和实用性（见图5-1）。色彩、图形、
纹理质感是有形物体的重要因素，而色彩是物体进入人类视
觉的第一要素。一种物体的色彩或色调往往会引起人们对生

◀图5-1　植
物染色宣纸

活的联想和情感的共鸣，这是色彩视觉通过形象思维而产生的心理作用。

在中国染色纸最早出现在汉代，东汉人刘熙《释名》解释"潢"字时，就说此字乃染纸也。魏晋南北朝以后，染潢技术得到发展并发扬光大。当时最为流行的是黄色纸，称为染潢纸。敦煌石室写经纸中有大量这类黄纸经卷，外观呈淡黄或黄色，以舌试之有苦味，以鼻嗅之有特殊香气。这类纸使用起来有下列效果：一是防蛀；二是遇有写错，可用雌黄涂后改写，古人所谓"信笔雌黄"即意出于此，后人讹为"信口雌黄"；三是有庄重之感，按五行说，五行对应于五方、五色等，而黄居中央，为金的象征，故帝王着黄袍，黄纸写书表示神圣。[1]据余嘉锡（1884—1955）先生的文献研究，晋时染潢有两种方式，一是先写后潢，二是先潢后写。西晋文人陆云《陆士龙集》卷八《与兄平原书》云："前集兄文为二十卷，适讫一十，当黄之。"意思是说，陆云写信告诉其兄陆机，已经收集并抄录陆机文集20卷中的10卷，应当加以染潢，所以这里讲的是先写后潢。[2]

大多情况下，先潢后写者居多。因为倘若先在白纸上写字，再以染潢，就容易使染液中的水分冲刷写好的字，当然，除了制作特殊效果以外。同时，文人学士和一般人为了省事宁愿从纸店买来现成的黄纸，再加以书写绘画。而宫廷御用

① 金玉红. 试论中国最早的染色纸［J］. 中国造纸，2016(35).
② 金玉红，刘畅，周鼎凯. 传统手工纸的染色加工方法［J］. 洛阳考古，2019(1).

的黄纸，则有可能将各地贡献的白纸由匠人统一染色，保证颜色统一。

关于染潢所用的染料，古代一直用黄檗（也作黄柏）（见图5-2）。中国最常用的是关黄檗（Phellodendron amurence）和川黄檗（Phellodendron sachalinense），前者分布于华北、东北，后者分布于川、鄂、云、贵、浙、赣等省。[①]春夏时，选十年以上老树，剥取树皮，晒至半干，压平，刮净粗皮（栓皮）至出现黄色为止。洗净晒干，再碾成细粉。化学分析表明，黄檗皮内含生物碱，主要成分是小檗碱（Berberine）。小檗碱既是黄色植物性染料，又有杀虫防蛀的功效。

▲ 图5-2 黄檗[②]

后魏农学家贾思勰《齐民要术·杂说第三十》有一节专门谈染潢的制作：

---

① 江苏新医学院. 中药大辞典（下册）[M]. 上海：上海科学技术出版社，1986.
② 图片来源：https://baike.baidu.com/item/黄檗/13209903？fr=kg_general.

凡打纸欲生，生则坚厚，特宜入潢。凡潢纸灭白便是，不宜太深，深则年久色暗也。……蘗熟后，漉滓捣而煮之，布囊压讫。复捣煮之，三捣二煮，添和纯汁者，其省功倍，又弥明净。写书，经夏然后入潢，缝不绽解。其新写者，须以熨斗缝缝熨而潢之。不尔，久则零落矣。<sup>①</sup>

　　除了染潢纸以外，其他颜色的纸也会根据需求进而生产。《太平御览》卷六〇五引晋人应德詹《桓玄伪事》云："玄令平准作青、赤、缥、绿、桃花纸，使极精，令速作之。"这段话说，桓玄称帝时，令掌管物资供应的平准令丞尽快造出蓝色、红色、淡蓝色、绿色和粉红色等五色纸，务必极精。晋人陆翙《邺中记》曰："石季龙与皇后在观上为诏书，五色纸著凤口中。"石虎（295—349），字季龙，羯族人，十六国时期后赵统治者。公元334年他在邺（今河北临漳）即位时，决定将诏书写于五色纸上。此处所说的"五色"，从广义说指各种颜色，包括红、黄、蓝三种主色及其间色，如绿、紫、橘等色。<sup>②</sup>

　　染红纸一般用的红花（Carthamus tinctorius）为菊科一年生草本（见图5-3），其花含红花色素（Carthamin）；亦可用豆科常绿小乔木苏木（Caesalpinia sappan）之心木染红，含红色素（Brazilein）。染蓝则用靛蓝（Indigotin），取自蓼科的蓼蓝（Polygonum tinctoria）、十字花科的菘蓝（Isatis tinctoria）、豆

① 贾思勰. 齐民要术选读本[M]. 北京:农业出版社，1961.
② 金玉红. 试论中国最早的染色纸[J]. 中国造纸，2016(35).

▲ 图5-3　红花[①]

科的木蓝（Indigofera tinctoria）、爵床科的马蓝（Strobilanthes
flaccidifolius）及十字花科的青蓝（Isatis indigotica）之茎叶，
经发酵、水解及氧化而制成。将黄、红、蓝三色染液按不同
方式配制，可得各种间色，如绿、紫及橘等色。但染紫纸则
常用紫草（Lithorpermum erythorhizon），其为紫草科多年生
草本植物，根部含乙酰紫草醌（Acetylshikonin），可作紫色染
料。[②]

　　一般来说，染丝绢和麻布用的染料都可用来染纸。染液
配成后，有两种方法染纸，一是用刷子蘸染液刷于纸上，二
是将染液放在长方形木槽中，让纸在染液表面匆匆掠过。染
好后阴干，即成色纸。纸的着色能力很强，不易褪色。但魏
晋南北朝出土实物中，黄纸较多，其他色纸少见。

---

① 　图片来源：https://baike.baidu.com/item/红花/309？fr=kg_general.
② 　李雪艳. 论明代草木染红——以《天工开物·彰施》卷草木染色为例[J]. 设计艺
术（山东工艺美术学院学报），2013(6).

　　从北魏朝廷规定皇室与庶民用不同颜色的纸伞看来，还可在色纸上涂以桐油，成为防水的染色纸。

# 第二节　流沙纸

　　流沙纸也叫做流沙笺。流沙笺具体是什么样式或形式，过去很少有较合理的解释。要理清其形制，不能只从纸名望文生义，而应分析其加工步骤。钱存训先生认为这是一种大理石纹纸或云石纹纸（marble paper）。①根据苏易简的描述，这种纸可由两种着色剂染出纹理：一是用染料与淀粉糊，二是用墨或颜料。但对操作过程及原理，苏氏却语焉不详，只提到"以纸曳过令沾濡"这个关键步骤。②

　　我们做了模拟实验后，认为具体操作步骤应当是这样的：

　　置一比纸面大的木槽，内盛三分之二的清水，然后用毛笔尖蘸上浅墨汁或其他颜色的染液少许，滴入水槽正中间（图5-4）。垂直轻轻吹动一下，墨汁或染液便在水面扩散，如同向水中抛入石头那样，形成许多同心圆波纹。最初是圆形，逐步呈椭圆形，这时将纸覆于水面沾湿（"以纸曳过令沾濡"），于是有色波纹着于纸上，阴干后即成流沙纸。波纹形

---

① 　钱存训. 中国书籍、纸墨及印刷史论文集[M]. 香港：香港中文大学出版社，1992.

② 　纯真. 失传千年"流沙纸"、"斑石纹纸"古纸新造[J]. 中华纸业，2014（14）.

▲ 图 5-4　笔者尝试毛笔尖对水油混合液体进行染色　　▲ 图 5-5　染液与油体混合形成特殊图案

状可任意变化，如稍微吹动一下水面，波纹便呈现不规则的云状，就像大理石纹或漆器中的犀皮那样。为了控制染液在水中的扩散，将染液或墨汁与面糊混合以提高稠度，使波纹扩散均匀，亦可将墨汁或染液与皂荚子、巴豆油混合（见图5-5），同时也令有色波纹易于附着在纸面上。苏易简还提到使波纹在水面扩散和收缩的方法。

　　操作时应注意的是：（1）要用较为厚重的纸，均匀摊平于水面，否则有的部位没有波纹。（2）染好后，沿垂直方向提纸，不可倾斜。（3）墨汁或染液宜淡不宜浓，这样纹理显得自然而美观，用笔蘸汁时不可过多，用毕，将笔用水冲洗，再蘸汁染下一张。实验表明，不一定用皂荚子及巴豆油，只要使染液滴在水面均匀扩散并使纹理着于纸面即成。[1]如用两支笔同时滴入两滴，则波纹形状更为变化多端。

_____

① 　纯真. 失传千年"流沙纸"、"斑石纹纸"古纸新造[J]. 中华纸业，2014(14).

这种流沙纸（见图5-6）加工技术后来在日本平安时代（约794—1192）的仁平元年（1151）以后于越前（今福井县）武生町一带发展起来，称为"墨流"（Suminagashi）。[1]很多学者认为流沙纸至迟在唐代已经有了。凡是到过沙漠地区的人就会看到，大风过后沙子被吹成层层云状，一层叠一层，"流沙纸"一名可能就由此而来。中、日两国不同名称都反映此纸的形成过程的不同侧面。西方这种纸出现甚晚，过去认为云石纹纸可能是1550年波斯人的发明，直到1590年这种纸才由波斯引入欧洲。而中日两国早在几百年前就已制成这类纸。

▶ 图5-6 流沙笺——制作者：张宇婕[1]

---

① 关义城. 手漉纸史の研究[M]. 东京：木耳社，1976.
② 图片来源：唯美民艺馆，https：//minyi.dodoedu.com/folkart/analysis？ id=948.

# 第三节　洒金纸

　　古代纸工利用其聪明才智，不断更新纸的加工手法，还常常借鉴其他技术工人的装饰技术。隋唐纸工还吸取了漆工和绢织工的一些装饰技术手法，将金银片和金银粉装饰在纸面上，构成珍贵的艺术加工纸。这种纸叫金花纸、银花纸，或洒金纸、洒银纸、冷金纸、冷银纸等。为了使贵金属的光泽夺目，所用纸地多为红、蓝等各种色纸。以洒金纸为例，其方法是将金打成很薄的金箔片，再剪成无数细小碎片，在色纸上刷胶水，将金片放在筛筐内均匀洒在纸上，最后平整纸面。也可将胶水与染液配在一起，用刷子刷在纸上，再向纸面洒小金片，最后平整纸面。因而这类纸必然也是施胶纸。一般只单面洒金或银，有时双面都以贵金属装饰。所用的纸多是较厚重的皮纸，纸面要求平滑，纤维必须高度分散，这样才能使金片易于胶结在纸表。[①]洒金纸似乎不会出现于更早期，因为那时还不能提供合乎要求的纸地，皮纸产量也不大，而且隋唐以前也未见有关记载。这种纸较昂贵，常用于上层官府及富贵人家。

　　唐人李肇《翰林志》记录了内府在什么场合下应当用这类洒金纸：

---

① 刘仁庆. 论金花纸——古纸研究遗补之三［J］. 纸和造纸，2015（4）.

　　　　凡将相告身，用金花五色绫纸所司印。凡吐蕃赞普书
及别录，用金花五色绫纸，上白檀香木真珠瑟瑟钿函，银锁。
回纥可汗、新罗、渤海王书及别录，并用金花五色绫纸，次
白檀香木瑟瑟钿函，银锁。诸蕃军长、吐蕃宰相、回纥内外
宰相、摩尼已下书及别录，并用五色麻纸，紫檀香木钿函，
银锁，并不用印。南诏及大将军、清平官书用黄麻纸，出付
中书奉行，却送院封函，与回纥同。


　　不同等级的官员、各节度使使用洒金纸有严格的规定，
存放洒金纸文书的器皿也有不同规格。事实上在唐朝并没有
规定只允许王公贵族使用洒金纸，民间也可以在特殊时期，
如有条件的人家在喜庆日子里使用洒金纸或生产这类纸。北
宋人景焕在《牧竖闲谈》中说唐时有十色笺及"金沙纸、杂色
流沙纸、彩霞金粉龙凤纸"[①]。其中"金沙纸"可能指在色纸上
洒金粉，就像洒金片那样；"彩霞金粉龙凤纸"，指在填粉色
纸上用金粉画龙凤图，后世称泥金绘龙凤彩色粉笺。这种纸
本身就是艺术品，在上面写字或作画，便锦上添花了。
　　清雍正时期的罗纹洒金纸（下文称"罗纹笺"），为宣纸的
一种，纸面有明显横纵相交的细线纹样，但与帘纹不同。纸
色淡黄，并施以细密的金箔，制作精细。罗纹笺最早见于北
宋苏易简的《文房四谱》。清代罗纹笺得以改进发展，工艺繁
复且饰以金箔，较一般的宣纸厚，不易渗水，质地细密。罗

① 刘仁庆. 论谢公笺——古纸研究之九[J]. 纸和造纸，2011（6）.

纹笺制作精致，装饰华贵，为清代较为盛行的纸品之一。

## 第四节 砑花纸

　　隋唐五代，匠人们造纸时已想出各种办法使之不但实用，而且具有美感。除以上所述外，还有砑花纸。砑花纸在对着光看时都能显出除帘纹外的线纹和图案，这种图案不是靠任何外加材料所形成，而是纸自身所具有的，因而增加了纸的潜在美。[①]砑花纸就是后来西方所说的压花纸（embossed paper），其原理是将雕有纹理或图案的木制或其他材料的印模用强力压在纸面上，让凸出的花纹施力于纸上，使这里的纤维被压紧，而无花纹之处的纤维仍保持原来的疏松状态，一紧一疏，两相对映，花纹或图案便隐现于纸面。

　　李肇《国史补》卷下所说"蜀之麻面、屑骨、金花、长麻、鱼子、十色笺"[②]中的鱼子笺，是历史上有名的砑花纸，产于四川，至北宋时继续生产。北宋人苏易简《文房四谱》卷四谈到四川造砑花纸时写道："又以细布，先以面浆胶令劲挺隐出其文者，谓之鱼子笺，又谓之罗笺。"[③]这是说，先以细布用面浆胶之，使其劲挺，再以强力向纸面上压之，则纸上隐现

① 李建宏. 宋代纸业研究[D]. 西安：西北大学，2017.
② 李肇. 国史补[M]. 扬州：江苏广陵古籍刻印社，1983.
③ 苏易简. 文房四谱（卷四）[M]. 北京：商务印书馆，1960.

出布的经纬纹纹理，其交叉所形成的小方格如同鱼子，故曰鱼子笺。其实在早期造纸过程中曾用过织纹纸模抄纸，即将织物或罗面用木框架绷紧，以之捞纸，形成之纸也具有织纹。但这种抄纸器因效率不高，又是固定式，不及离合式活动帘床抄纸器有效，后来便逐渐淘汰了，只在边远地区使用。到了唐代，在普遍用帘床抄纸之后，这类早期织纹便作装饰之用，但帘床抄纸器又不能产生这种织纹，于是用砑花技术来实现这一目的。[①]罗纹笺在宋以后历代依旧有制造。用这一原理可使纸上隐现更为复杂的图案、文字。

宋元砑花纸也有传世品，如故宫博物院藏北宋书画家米芾的《韩马帖》，用纸呈斗方形（33.3厘米×33.3厘米），纸面呈现云中楼阁的图案，便是砑花纸。同样，宋末元初画家李衎（1245—1320）的《墨竹图》（29厘米×87厘米），用纸幅面较大，纸的右上方呈现"雁飞鱼沉"四个篆字，左上面有"溪月"隶书文字。同时纸的中间呈现雁飞于空、鱼浮于水的图画，可从图上仔细在竹叶中间看到雁飞的白线条图案（见图5-7）。我们认为这些鱼雁图有"鸿雁捎书""鱼传尺素"之寓意，因而此纸裁短可作信笺。此纸为皮纸，白间黄色，表面涂蜡，又经砑花，因此可称为砑花蜡笺纸。李衎于元贞元年（1295）任礼部侍郎，皇庆元年（1312）累官至吏部尚书，拜集贤院大学士，因此这位画家兼内阁大臣用纸是相当考究的。其《墨竹图》是双重艺术珍品，正如米芾的《韩马帖》。

---

① 张爱红.浅析唐代织锦装饰纹样[J].今日南国（理论创新版），2010（2）.

◀ 图 5-7 《墨竹图》局部①

## 第五节 花草纸

花草纸是一种以花草为主要材料的艺术装饰纸张。它不仅仅是染色纸，还包括将花草的实物和纸浆融合在一起形成的装饰性纸张。在中国的一些少数民族地区，花草纸比较常见，人们利用当地丰富的花草资源，通过染色、贴花或将花草与纸浆混合，制作出独具特色的花草纸。花草纸不仅展现了自然之美，还承载了人们对生活和文化的热爱。通过这种纸张，我们可以窥探到不同地区、不同民族的独特审美观和创造力，感受到花草纸背后的历史和人文。

云南耿马县的芒团手工棉纸就是一个例子。这种纸张采

---

① 图片来源：故宫博物院官网，https://www.dpm.org.cn/subject_zhaomengfu/zhaomengfu_more/245788.

用了当地特有的花草作为装饰。芒团的白棉纸质量上乘，非常坚韧。过去，它主要用于抄写佛经和记录历史，还经常用于包装普洱茶。贵州丹寨南皋乡石桥村也有着与花草纸相关的传统。他们仍然采用古法制作纸张，并将其运用于装饰品上。经考证，这种制作工艺可以追溯到唐代。在丹寨，花草纸不仅仅用于制作书写纸张，还用于制作灯罩、蒲扇、贺卡等物品，用途非常广泛。

在明清时期，花草纸作为一种装饰纸张，在室内装饰中发挥着重要的作用。人们对纸进行染色、绘制图案或添加花草等装饰材料，来美化墙壁，营造室内的艺术氛围和独特风格。这种装饰纸因其物美价廉和实用性而受到人们的广泛喜爱。佛寺和道观也常常使用花草纸装饰壁画、屏风和佛龛，以增添庄严肃穆的气氛，营造出宗教场所的神圣感。此外，花草纸也被用于庆祝活动和喜庆场合的装饰。在婚礼、寿宴、节日等喜庆时刻，人们会选择色彩鲜艳、图案精美的花草纸来装饰室内空间，以增添喜庆氛围。

而在现代，花草纸用途更加多样，被广泛应用于文创产品中。花草纸可以用于制作手工制品、贺卡、书签等，为这些产品增添独特的艺术魅力和文化内涵。同时，花草纸也被用于宣传传统造纸文化，展示纸张工艺的精湛和千年传承的文化（见图5-8）。现代的花草纸不仅保留了古老的制作技艺，还注入了现代设计的创新和时尚元素。它们不仅仅是装饰品，更是一种将传统文化与现代生活相结合的方式，让人们能够欣赏到古老文化的魅力，并体验到纸张工艺带来的艺术享受。

▶ 图 5-8　传统手工造纸
工艺走进中小学课堂

第六章

# 传统造纸在设计
# 作品中的应用

　　纸的发明与技术改进促进了中国及世界各国文化的交流与传播。纸张只有在用于文化交流和保存信息等重要方面时才有更大的价值，因此我们要把纸张应用到文化艺术的各个方面。[①]在现代社会，纸与设计师有着密不可分的关系，被用于书写、绘画、包装、工艺品设计等领域。纸作为一种信息媒介有着巨大的潜力可供挖掘，能更好地为文化艺术的发展提供服务。[②]

　　在我们的日常生活中，纸本就是不可缺少的材料，而在设计领域，纸作为设计要素之一，更是不可或缺的，其应用范围非常广，不论是书籍、包装、印刷还是裁剪、雕刻、装饰等，都能看到纸的身影。纸作为一项传承千年的发明，无论是其制作过程还是纸张本身，都有其独特魅力与审美内涵。传统手工纸更是如此，其手工加工过程、产品质地色彩、使用方法都具有特别的魅力。手工纸纤维较长，具有独特的肌理与颜色，除了用于书写和包装，还可以制成各种工艺品，如纸伞、信纸、纸袋、名片、年历、烟盒、纸扇、纸盘、纸牌、年画等。以下从三个方面研究中国传统造纸在设计作品中的应用。

① 　刘仁庆. 略谈古纸的收藏[J]. 天津造纸，2011(9).
② 　王鹏. 纸媒介的感受传达[D]. 北京：中央美术学院，2014.

# 第一节　书籍设计应用

书籍设计就是对整本书的装帧设计，是根据书籍的内容对书籍的开本、纸张、封面及内页的版式进行设计的过程。设计好之后再经过印刷及印后加工，装订成一本完整的书籍。[①]文字、图像、色彩、材料是体现书籍设计效果的四个具体因素。设计师在设计书籍时进行编排，以便更好地将书籍的文化意蕴传递给读者。[②]书籍装帧设计是一个多角度的设计系统，如今，随着计算机技术的发展，印刷技术的提升，还有各种新型材料的发明和新工艺的突破，书籍的装帧设计已越来越丰富。

在书籍装帧设计中，材料是书籍内容和作者思想的重要载体，是塑造书籍形态的物质基础。书籍装帧材料主要就是纸张，纸材的纤维结构、质地、纹理各不相同，显现出形式多样的"相貌"与"性格特征"。[③]只有当装帧材料的色彩、肌理等因素与书籍内容的特征相吻合时，书籍的魅力才得以彰显，才有感召力。恰到好处的选材能引起读者对书籍所包含思想的感应与共鸣。当前材料工业的进步，书籍成型技术的完善，为书籍装帧设计的选择提供了广阔的平台。书籍装帧的三大表述语言是封面、扉页和插图，三者左右着书籍的样

①　周玉基. 纸本书籍设计中的纸张美感探究[J]. 艺术评论，2007(12).
②　陆丹. 论书籍装帧的文化意蕴设计[J]. 美术界，2008(7).
③　朱霭华. 书籍装帧的纸材选择[J]. 编辑之友，2000(4).

式与品位。在样式表达以外，书籍装帧还需注重思想立意的表达，引领健康的书籍文化。在未来，书籍不仅仅是作为文本的呈现，同时也是设计创造性的体现。（见图 6-1）

▲ 图6-1 书籍设计师刘晓翔作品《诗经》①

## 一、中国传统书籍设计特征

简朴是中国人崇尚的美德之一，这种观念也会影响书籍装帧的形态。中国古代的书籍装帧设计非常注重文化底蕴，喜欢用端庄素雅的格调，要求能够反映出儒雅的气质和质朴的精神。雕版印刷的发明为书籍的发展奠定了基础，后来很长的一段时间直至铅印书籍时期都是模仿雕版书籍的传统形

---

① 图片来源：刘晓翔工作室，https://www.xxlstudio.design.

式。明清时的线装书，更是讲究"墨香纸润、版式疏朗、字大悦目"①（见图6-2）。

▲ 图6-2　中国传统线装书②

由于纸是一种易耗性资源，造纸过程会对自然造成损耗与污染，因此相较于奢侈的精装书籍，简装形式更透露出人性之美。书籍设计师应该节约资源，在纸张的选材、工艺、印刷、版面等方面都体现简朴之美。③

当今世界的设计主流是"绿色设计"，过度奢靡的设计已无法得到认同。在20世纪30年代，鲁迅先生设计的封面就讲究简练的意蕴（见图6-3）。新一代的设计师，应该在现代作品中充分体现理性而崇高的民族设计精髓，呼应绿色设计理念，倡导简朴美学，深化"简朴美"的装帧实践，这是中国设计师的责任。

好的书籍装帧是不必披金戴银的，国外许多书籍装帧大师也注重体现书籍内容多于附加装饰。和人的外表一样，美的表现虽然不能排除外表的修饰，但内在的气质美更具魅力，

---

① 许兵.“有意味的形式”——书籍装帧设计的整体之美[J].浙江工艺美术，2005（4）.
② 图片来源：https://new.qq.com/omn/20210908/20210908A06JLH00.html.
③ 周玉基.纸本书籍设计中的纸张美感探究[J].艺术评论，2007（12）.

▶ 图6-3　鲁迅先生设计的封面[1]

更值得长时间去品味。读书和看电影不一样，需要读者用手去触摸，用心去体会。为了引起视觉反应和触觉感受，我们可以依赖文字内容和纸材特性的有机结合来共同传递书籍的内容信息和作者的精神气质。

## 二、纸在书籍设计中的应用

在纸质书籍的设计中，纸张材料的选择及排版、印刷、装订等无一不为内容主题服务。而纸张是书籍内容最重要的承载物，直接彰显了不同书籍所具有的不同特色。植物纤维经过层层打散与组合，千丝万缕地交错重叠，形成一张薄薄的纸片。纸张的表面是平静的，但在平静的表面下又隐含着强烈的生

---

① 图片来源：https://ad518.com/article/2022/10/16778.

命力。这些生命力最终化身成纸张上的草木清香，为书籍增添一抹素净的情怀。以《植物先生》（见图6-4）为例，该书由连续获得2018年、2019年、2020年中国"最美的书"奖的设计师许天琪担纲设计，耗时一年，从一张纸开始设计一本书，深入中国手工纸核心产区，邀请全国手工造纸联盟负责人、清华大学美术学院原博教授把关，泾县守金皮纸厂负责人程玮耗时48天，将24种植物融入传承千年的手工纸制作中（见图6-5）。

▶ 图6-4 《植物先生》封面
设计[①]

---

◀图6-5 《植物先生》
内页设计①

　　从简策、卷轴装到旋风装、经折装，再到现今的精装与简装，书籍制造工艺与材料构成一直在发展变化。如中国传统书籍装帧形式龙鳞装，这是已消失千年的古代书籍装帧形式，它在龙鳞装非遗传承人张晓栋的多年钻研下再次出现。龙鳞装是古代书籍从卷轴向册页过渡阶段出现的一种装帧形式，又称鱼鳞装、旋风装。《三十二篆金刚经》龙鳞装用的是顶级的安徽泾县绢纹宣纸，摸上去完全如丝绢般顺滑（见图6-6）。龙鳞装缩短了书卷的长度，不仅便于查找信息，还增添了阅读的意趣风韵。

---

① 　图片来源：https://baike.baidu.com/item/植物先生/55488803？ fr=aladdin.

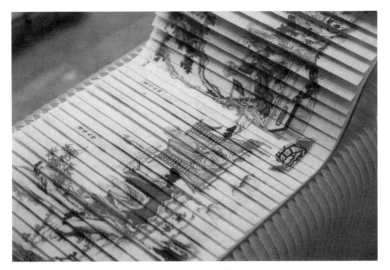

▲ 图6-6 张晓栋龙鳞装作品《三十二篆金刚经》①

纸张不仅是书籍的构成材料，还是书籍精神与美感的载体，是书籍的一项审美要素。在读者阅读的过程中，纸张的气质成为阅读内容的一部分，赋予书籍以形态美，这是电子书籍所无法具备的。②

在现代书籍设计中，随着读者需求的多元化发展，以及造纸技术的进步，纸张的品种增多，各类艺术纸经常被用到书籍设计中。艺术纸是在造纸过程中经特殊处理或后期加工的特色纸品，一般呈现丰富的纹理或色彩等特殊效果。艺术纸风格多样，更新较快，因而制作成本较普通纸张要高。但由于艺术纸在装帧过程中能够获得良好的效果，顺应了当下

---

① 图片来源：https：//m.topys.cn/article/30556.
② 周玉基.纸本书籍设计中的纸张美感探究[J].艺术评论，2007(12).

市场的多元化需求，因而在现代设计应用中具有巨大的发展潜力。艺术纸介入书籍设计领域使图书的个性化和辨识度得到大大的提升，打造个性化阅读亦成为设计时尚的潮流。从艺术纸原料的各种特性来探寻这一新型材料的形式语言以及在书装设计中的创意运用，具有重大的现实意义。①

## 三、印刷与书籍设计的关系

书籍的设计必须借助印刷技术才能得到实现，不同的纸张与不同的印刷工艺相结合才能造出不同形态的书籍，可以通过压凹凸、UV上光、烫印、切割等工艺将纸张原有的特质以不同的方式进行增强与再造。纸张具有不同的印刷适性，简单地说就是纸张对油墨、版材、印刷过程和用于印刷的车间生产条件的适应程度。纸张会因为温度及温度而产生收缩与膨胀的变化，从而影响印刷效果。因此，针对不同的纸张，我们要选择适合的印刷方式。

现代人对精美印刷的书籍产生审美疲劳，对各种制作工艺也司空见惯，于是本能地去寻找新的书籍形态，以求怀旧的温情、探寻的惊喜、把玩的乐趣。②传统手工纸应用于书籍装帧，不仅让书籍具有美感，同时使书籍成为独特的艺术个体。同时，结合设计艺术学和设计实践美学，不断发现并分

---

① 刘音. 艺纸成书——艺术纸与创意书装设计[J]. 艺术与设计（理论），2012(6).
② 赵健. 交流东西·书籍设计[M]. 广州：岭南美术出版社，2008.

析书籍的设计发展趋势，归纳和总结其中可以延展的现代性特征，是最具可行性的近期任务。研究文化的核心内涵是设计必存的观念，研究当代人的文化心理与文化精神是前提条件，文化的本质是多样性的，各地区、各民族皆有相应的文化精神，只有将其升华为对书籍形态设计的形与色之外的"形而上"的文化精神的追求，才能真正反映关于宇宙和谐的观念和价值趋向。[1]

## 第二节　包装设计应用

在经济快速发展的时代，商品竞争越来越激烈，包装的作用越来越重要。包装作为产品的衣服，作为架上无声的广告，对产品营销有着极大的促进作用。通过包装设计，产品从众多竞争者中脱颖而出，这是每个生产者都希望达到的效果。近年来，随着商品经济的发展和环境保护意识的增强，纸包装材料因为其成本低，容易成型，印刷效果好，并有很好的抗震性能，从众多包装材料中脱颖而出，受到业界的热捧，用量快速增加，具有极大的发展潜力。[2]

如今产品包装已经不仅仅是商品的附属品，而发展成

---

[1]　刘炳麟. 传统手工书籍的本体语言与文化意蕴[J]. 大众文艺，2013(7).
[2]　张昙. 纸材在包装设计中的应用研究[D]. 株洲：湖南工业大学，2009.

为一种艺术。包装不但要保护产品，还要传递关于产品的信息与文化，因而包装设计对设计师来说是一项具有挑战性的工作。

## 一、中国包装的发展历史

和人类的发展史一样，包装也同样经历了一个漫长的发展历程。从刚开始仅有利于携带的功能，慢慢演变成了今天集展示、携带、宣传于一体的现代化包装。

第一，原始包装。在旧石器时代原始人类用天然的材料如树叶、贝壳、果壳等对物品进行的最简单包装。那时的包装都是取材于自然，并没有设计的概念。按照今天包装工业的技术标准，原始包装还不能算是真正的包装，但这些用来盛装物品的材料已经具有了某种包装的功能，满足了人们生活的需要，展现了人类利用大自然的智慧与能力，是包装的萌芽阶段。

第二，传统包装。原始社会末期，人类的生产力迅速发展，大量剩余物品促使商业出现。到了殷商和周朝时已经有了固定的商品交易场所。这时，真正意义上的商品包装出现了，它们是由皮革、木材等制成的囊袋、箩筐、陶罐等。但此时的商业包装意识还很朦胧，人们主要注重的是包装收纳物体的实用功能。

传统包装的范围很宽泛，不但指古代和近代的包装，还指用传统风格设计的现代包装（见图6-7）。传统包装随着

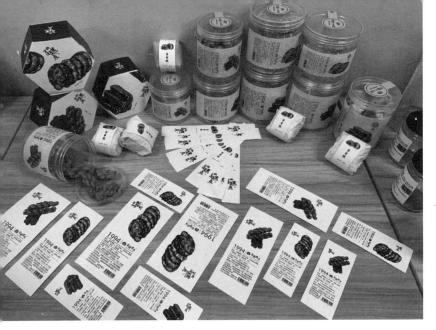

◀ 图 6-7 成
都大学美术
与设计学院
包装设计课
程作品

设计理念的进步和材料、成型技术的发展，将在弘扬中国传统文化方面发挥更大的作用。①

第三，现代包装。在19世纪工业革命之后，商品生产与商业活动日益丰富，作为一种销售手段的现代包装设计得到快速发展。现代包装注重造型、材料、生产工艺、装潢的巧妙结合，在满足人们审美要求的同时融合了现代广告与销售的商业原理，在营销活动上服务于市场经济的发展，能够对企业和产品起到品牌宣传的作用。因为机械化和标准化的生产，手工包装已经逐步退出历史舞台。另外，新材料和新工艺的发展也促进了现代包装设计向更高层次的发展。②

随着20世纪50年代欧洲包装联盟的成立，很多国家和商业机构纷纷成立各种包装协会、包装研究中心等机构。我

---

① 王雷. 纸包装设计研究[D]. 济南：山东大学，2011.
② 王雷. 纸包装设计研究[D]. 济南：山东大学，2011.

国直到改革开放才迎来包装工业的大发展，从国家到企业的层面都非常注重包装功能的发挥，至今已经是全球举足轻重的包装大国。

## 二、纸张在包装中的特点

纸材在包装中具有自然性、科技性、社会性。随着科学的发展，纸材的自然性将不断被发掘，社会性也会随着时代的脚步而不断增添新的内容。在现代包装设计中纸张已不单是信息的载体，更是信息本身的组成部分。纸材对包装设计的贡献和其所带来的社会价值是巨大的。[①]

### 1.纸包装具有很好的环保性

纸张的原料是植物，是天然无污染的材料，安全卫生，不会对人体造成危害，符合生态环保的特征。按照国际上的标准，纸包装材料要符合用材减量、可重复利用、可循环再用、可降解这四大环保包装材料的要求。[②]纸是一种从自然中来又可回到自然中去的包装材料，纸张废弃后不用做特殊处理，其天然的植物纤维可自然降解，对自然和社会都是绿色环保的无害产品，属于"可持续开发"的环保产品，是典型的绿色包装材料。纸张的价格便宜，供应量大，"以纸代塑""以

---

① 曾文，贾晨超.浅析纸材料在包装设计中的表现力[J].美术教育研究，2013（11）.

② 邓海莲.浅谈白酒的纸包装设计[J].艺术探索，2005（2）.

纸代木"是世界包装工业的发展方向。

2.纸包装具有良好的艺术性

包装纸材种类繁多，有牛皮纸、瓦楞纸、白板纸等，每种纸都有自己的物理特性和审美特性，在视觉和触觉上有不同的外观和性格，艺术表现力也各不相同，如胶版纸、铜版纸及特种纸的表面存在着明显的触感上的差异，浅棕色的牛皮纸充满自然气息，高光洁度的白板纸具有高雅的气质，木纹理的纸张给人温暖的感觉。[①]

我们在包装设计中要深入研究纸材对消费者产生的生理效应和心理效应，研究材料间的组合美及材料与造型的有机统一，有效地利用纸材属性中积极和美好的部分，合理选择和充分展示纸材的美，结合包装设计内涵，从纸材的特性中得到包装的艺术效果，设计出为多数人所喜爱的包装产品。[②]具体来说就是在设计包装时充分展示纸张的色泽、肌理、物理性能等，合理利用各种纸材的触感，通过不同肌理、质地纸材的组合，给消费者带来更多的新鲜感。（见图6-8）

3.纸包装具有良好的加工性

纸材既柔软又结实，比木头、金属、玻璃等材料的应用更为广泛，在包装中占据了重要的位置。纸材具有很好的加

① 郑芳蕾.纸制品包装设计特性研究[J].文教资料，2014(10).
② 张昙.纸材在包装设计中的应用研究[D].株洲：湖南工业大学，2009.

▶ 图6-8 《山茶-宋》茶叶包装设计①

工性、易裁剪、可折叠，易于成型，并且适于印刷各种图案，尤其对于食物的包装，纸材让人们更觉得安全和新鲜，是包装的首选材料。②

功能纸，如防辐射纸、芳香纸、防静电纸等，是在造纸时添加了不同功能的成分，或者在纸张外面覆盖具有相关功能的薄膜而成。功能纸具有疏水性好、柔软、透气性佳、物理强度高、不易撕裂、表面不起毛、经消毒处理不产生气味等特性。③针对不同的包装对象，可以选择不同的加工工艺。要注意的是，现代包装设计不管采用什么材料，都必须遵循功能与审美兼顾的原则。在储运、工艺、视觉等方面的表现决定了包装设计的成败。

### 三、现代绿色包装设计的理念

保护环境和生态是时代发展的必然要求，各种包装所带

---

① 图片来源：林韶斌工作室网站，http://www.linshaobin.com.
② 王诗琪. 手制再生纸介质的材料语言与应用研究[D]. 太原：山西大学，2016.
③ 张昙. 纸材在包装设计中的应用研究[D]. 株洲：湖南工业大学，2009.

来的污染和资源浪费已经引起了各国各行业的重视，由此制
定了一系列限制性规定，如欧盟各国对木质包装箱、发泡塑
料、印刷油墨、涂料等包装材料都有明文的限制和规定。这
些规定体现了绿色包装设计的思想。在包装的选材、生产、
使用、回收的过程中贯彻无害的绿色原则，能满足节省资源、
可回收复用、不污染环境的生态化要求。①

　　在绿色包装理念不断深入的 21 世纪，我们要重视研究包
装材料、包装工艺、包装结构的绿色化，加强设计环节的作
用，从设计阶段就导入强势的绿色要求，这样才能在包装生
产的全过程贯彻生态化理念。

### 1.绿色包装的实施要求

　　绿色包装以节省材料、节省人力、保护环境为出发点，
在包装设计及生产使用、循环再用、废弃回收等过程中都要
考虑对环境的影响。绿色包装要求用最少的材料，最简单的
结构，最少的废弃物，最低限度的污染，引领包装设计的发
展方向。在满足保护产品与携带方便的前提下，加大产品重
量占包装箱重量的比例，减少包装盒的空隙，降低包装造价，
减少因为世俗观念而产生的包装空间的浪费，达到包装减量
化设计的要求。②比如，设计师 Maja Szczypek 为 Happy Eggs
设计的鸡蛋概念包装（见图 6-9），旨在加强鸡蛋的储存和运

---

①　陈嘉林.纸制品包装的绿色设计对策[D].杭州：浙江大学，2005.
②　王安霞，黄云开.基于纸材为主的绿色包装设计方法研究[J].包装工程，2008
（9）.

输安全，以及使用过程中的可持续性。干草的成本低，又容易生产，采用热压机就可以完成蛋盒的加工，同时也具有对环境友好的特性。

▲ 图6-9 Happy Eggs概念包装设计[①]

2.纸包装设计中的绿色体现

纸张是用植物纤维制造的，本身无臭无毒，可回收重新造纸，即使丢弃，也可以很快降解，不会污染环境。因此，它是绿色包装材料的首选，能满足生态化设计的要求，并能节约成本。近年随着绿色包装理念的深入人心，设计师们在设计中都非常注重对纸张材料的选择，了解各类纸张的尺寸及模数，提高印刷拼版技巧，精打细算，减少纸张的使用量。另外，在造型和结构上也要考虑不同产品的属性、特点和储运条件，进行减量化设计，缩短生产时间，延长使用寿命；同时，在设计阶段就要考虑到回收的情况，在结构上考虑方便拆卸和分类回收。①在包装装潢上也要体现绿色理念，在绿色文化宣传、简化包装风格等方面做文章，避免带来视觉污染。在节约用纸方面，现在许多国际大公司使用可回收纸制作年报、宣传品、信笺、信纸等，以体现其关注环境的绿色宗旨，树立了良好的企业形象。②

# 第三节　文创产品应用

在我国目前的文创领域中，家居日用品和文化娱乐用品是核心类别，占据了半壁江山。其中，以文具、钥匙扣、书签、包、笔记本、设计灯和杯子等的销售最为火爆。而这些品类大部分都可以融入传统手工纸。

纸张作为一种重要的材质，既贴近日常生活，又承载着丰富的历史传统和文化精神。传统手工造纸是传统文化的代表和承载者，通过创意设计，可以展现独特的艺术价值和深厚文化内涵。传统手工造纸也为文创产品提供了丰富的材质表现力和创作可能性。每一张手工造纸都是经过工匠的双手

---

① 郑芳蕾. 纸制品包装设计特性研究[J]. 文教资料, 2014(10).
② 张昙. 纸材在包装设计中的应用研究[D]. 株洲: 湖南工业大学, 2009.

精心制作而成，纹理、质感和颜色都独具特色，使得包含手工造纸元素的文创产品在视觉和触觉上也都具有与众不同的魅力。无论是绘画、书法、剪纸还是立体构建，手工造纸都能够为作品赋予独特的质感和艺术效果，使得文创产品更具观赏性和收藏价值。手工造纸与各种传统文化元素，如民俗图案、经典诗词等完美契合、相得益彰，不仅能展示传统文化的独特魅力，还向世界传递着中国人的历史、哲学和美学观念，激发人们对中华传统文化的兴趣和热爱。此外，传统手工造纸在文创产品中还具有环保和可持续发展的意义。相对于工业生产的纸张，手工造纸更注重环保原材料的使用和生产过程的可持续性。它使用天然纤维和植物材料，减少了对环境的损害，同时传承了古老的造纸工艺和智慧。这符合现代社会对绿色环保产品的追求，也体现了传统手工造纸对可持续文化产业发展的积极贡献。

随着文创产业的发展和设计水平的提高，我国纸品文创的设计也取得了显著进步。下面介绍一些国内具有代表性的纸品文创品牌。

## 一、故宫博物院文创

故宫博物院文创商店是国内最早在电商平台上开设店铺的博物馆文创商店之一。自 2008 年至今，它不仅是所有博物馆中粉丝量最大的，也是商品开发最成熟、经营状况最优秀的。截至 2021 年 12 月的统计数据，故宫博物院在阿里平台共设立了三家店铺，分别是故宫淘宝（拥有 791.9 万粉丝）、故宫博物院文创旗舰店（拥有 514 万粉丝）和故宫博物院出版旗舰店（拥有 72.6 万粉丝）。在这三家店铺中，故宫淘宝文创在线商品达到了 467 种，其中纸品文创占比 102 种，占其线上文创商品的 22%。这些商品中，有 7 种是使用传统手工纸（多为宣纸）作为原材料制作而成的，占纸品文创的 7%。而在销售排行榜前十的商品中，纸品文创占了一半。2022 年故宫福桶荣获销售冠军，其产品包括春节对联、红包、年画等节庆纸品文创。故宫福桶的月销售额超过了 4 万元，单品月销售额更是超过了 352 万元；而以传统手工宣纸为材质的《雍正御批》系列宣纸折扇（见图 6-10）每月销售超过 2000 把。由此可见，故宫纸品文创备受欢迎，并创造了巨大的经济价值。这充分展示了纸品文创特别是传统手工纸在文创领域中的重要作用和独特魅力。

◀ 图 6-10　雍正御批系列折扇[①]

---

① 图片来源：故宫博物院文创旗舰店. https://gugongwenju.world.tmall.com.

故宫博物院的纸品文创种类繁多，无论是明信片、贺卡，还是纸胶带、笔记本，节庆对联红包、台历，甚至灯笼和灯具，应有尽有。其纹样、形式的创意设计灵感多源自故宫的建筑以及珍藏文物。举例来说，故宫猫成为明信片的设计灵感，而黄花梨木百宝嵌入的宝图顶箱立柜和戗金彩漆花鸟图的三层方盒则成为创意红包的灵感来源。在色彩运用方面，故宫纸品文创偏向于浓郁的调色，常常选用皇家配色，特别是红黄色系的搭配。整体设计风格富有趣味性，成功地将故宫文化与现代人的生活结合起来。这些设计让严肃的博物馆焕发活力，而亲民的设计则广受消费者，尤其是年轻人的喜爱。

在这些纸品文创中，传统手工纸起着重要的作用。它不仅是创作的原材料，更为文创产品赋予了独特的质感和价值。传统手工纸的使用不仅彰显了中国传统造纸技艺的精湛，也展现了纸的多样性和可塑性。传统手工纸这种独特的材质，帮助故宫纸品文创在文化传承和现代艺术表达之间建立了一座桥梁，相信以后会有更大的发展空间。

## 二、成都薛涛纪念馆文创

薛涛笺是一种诗笺纸，为唐代女诗人薛涛制作（见图6-11）。它的产地位于成都浣花溪，因此也称为浣花笺。据传，薛涛热衷于写短诗，而市面上的诗笺尺寸较大，所以她就制作了小巧的纸张以避免浪费。蜀地的才子也都效仿她剪裁诗笺。薛涛笺流传至后世，成为一种重要的文化符号。它见证了薛涛的诗歌创作，并通过历代的仿制传承下去，是延续唐代文化的瑰宝。薛涛笺的故事告诉我们，即使是一片小小的纸张，也能承载千年的历史和文化，成为人们追溯古代风韵的窗口。

▲ 图6-11 古代填词所用的薛涛笺①

根据学者潘吉星的研究，唐代纸张主要以中小型为主，其中小型纸的纵长在25厘米至26厘米，而中型纸的纵长则在27厘米至29厘米。王珊博士通过对现存唐代笺纸进行调查，发现唐代中期的笺纸纵长多为27厘米至29厘米，横长则在38.1厘米至185.8厘米，横长有较大的差异。目前尚无

---

① 图片来源：美网艺术，http://www.cnmeiw.com/News/NewsCenter/NewsDetail？keyId=21492

法确定唐代薛涛笺是否有边栏，但是八行书作为当时的书写习惯是确定的。

　　成都薛涛笺纪念馆设有实体文创产品销售点，暂未开设线上商店。纪念馆提供了9种纸品文创供游客购买，其中7种采用传统手工纸作为原材料，占其纸品文创的78％，这些纸张均为夹江竹纸。主要的文创产品类别包括笺纸、诗集、诗歌拓片等，其设计灵感均来源于薛涛的诗集和薛涛笺。整体设计风格以复刻为主，展现了浓厚的传统风味。此外，除了销售成品文创，薛涛纪念馆还开展纸品文创体验活动，让游客能够亲手制作一份薛涛笺。文创品中最受欢迎的是薛涛笺套装。与其他博物馆的类似文创产品相比，这些纸品文创的售价稍高，是其他同类商品价格的两倍左右。

　　传统手工纸在薛涛笺文创产品中扮演着重要角色。作为原材料，夹江竹纸体现了纯手工制作的工艺与质感，能使人领略到传统纸张的独特魅力。薛涛的诗歌艺术与纸张的纯粹美感相结合，不仅体现了对薛涛笺这一文化遗产的传承，更显示了对传统手工纸工艺的珍视和推崇。

### 三、东巴纸坊文创产品

　　在云南丽江，有一家名为"东巴纸坊"的文创企业（图6-12），专注于设计和运营以东巴纸为特色的产品。他们与当地政府积极合作，致力于推广具有纳西民族特色的东巴纸文创产品，以促进东巴纸文化的现代转型。东巴纸坊所提供

的纸品文创可分为两类：一类是传统的文创成品，如印有东巴
文字或图腾的东巴纸明信片、书签，以及东巴纸扇和东巴纸
绘本等（见图6–13）；另一类是体验型纸品文创，顾客可以
在店中观看和体验东巴纸的制作过程，甚至亲手制作自己的
东巴纸，还可以请店员在所购产品上书写表达祝福或纪念的
东巴文字。这种深度体验活动，能够帮助消费者更深入地了
解东巴纸文化。

▲ 图6–12    东巴纸坊门店①

　　东巴纸坊注重对员工的培训，要求销售人员在销售过程
中首先向顾客介绍纳西文化和东巴纸的特色，然后再介绍文
创产品。其培训师强调：东巴纸坊的目的是传播东巴文化，而

---

①    图片来源：https://m.thepaper.cn/newsDetail_forward_14043648.

不仅仅是卖产品。在销售过程中，首先让游客了解东巴文化，让他们认同东巴文化，而不是单纯地销售纸张。通过这种方式，东巴纸坊品牌积极推动东巴文化特别是东巴纸文化的发展。传统手工纸在东巴纸品文创中扮演着重要的角色。作为东巴纸坊的核心材料，东巴纸展现了传统手工纸的独特质感和制作工艺。这些文创产品将东巴纸文化与当代消费者连接起来，传达了东巴文化的独特魅力。

▲ 图6-13　东巴纸坊文创产品

第七章

# 现代手工纸的开发与发展

# 第一节 中国传统手工纸行业现状

对于手工纸而言，"纸之制造，首在于料"。造纸原料的好坏很大程度上决定了纸张性能的好坏。纵观我国传统手工纸的发展历程，主要造纸原料的选用先后经历了麻—皮—藤—竹等几个发展阶段。如今，皮纸和竹纸占据了传统手工纸的主导地位，而麻纸和藤纸在手工纸行业中已越来越少见。

传统手工纸的工艺流程包括备料、煮料、打浆、调料、抄纸等几个主要步骤，总的工序数有 72 道和 109 道之说，经过不同工序造出来的纸，质量与品种也不同。发酵、天然漂白、抄纸、干燥等独特工艺也具有多样性，在不同程度上影响着手工纸的质量。近代以后，机制造纸技艺的引入给造纸厂带来了低成本、高效率、高利润，导致越来越多的传统造纸技艺被机械造纸技艺取代。

传统造纸工艺中的制浆和漂白是其纸寿千年的关键所在。传统制浆工艺采用生石灰与水反应生成的熟石灰或草木灰蒸煮沤浆。由于石灰和草木灰属于弱碱，制浆需要 15 天完成[1]；而现代打浆基本上都使用机械化设备，并加入了强碱，使制浆过程缩短到了 24 小时。传统手工纸使用天然漂白的方法，利用日光和空气中的臭氧产生反应达到漂白效果，所以作用缓慢，生产周期长，受到曝晒场地和人力的限制；后来为了提

---

① 张平，田周玲.古籍修复用纸谈[J].文物保护与考古科学，2012(2).

高生产效率、降低成本并扩大生产，造纸厂开始引入化学漂白的方法，利用纯碱或漂白粉，大大缩短了漂白时间。

相较于机制纸，传统造纸周期长、成本高、市场小、技艺复杂。而完整保留传统造纸工艺的地区大多数处于偏远的落后山区，地理因素和经济条件都遏制了年轻人学习传统造纸的热情。根据陈敏对我国 2003—2013 年传统造纸工艺进行的调查，从全国来看，各地仍有为数不少的传统造纸活态遗存，但消失的速度也很快，尤其是在边远地区和少数民族地区。

如今，传统造纸技艺将人工操作与现代造纸机械相结合，在某种程度上也造成了传统造纸技艺的"失真"，造出来的纸张与以前的传统手工纸已大不相同。有些偏远地区传承下来的古老造纸工艺由于鲜为人知，之前没有被系统地记录和研究，如今已失传。

随着近几年"非遗"工作在我国的开展，传统手工纸也引起了社会人士和政府的广泛关注，2006 年四川夹江竹纸制作技艺经国务院批准列入第一批国家非物质文化遗产，有助于夹江竹纸得到更好的传承。一些地方政府借助旅游业的发展带动当地传统造纸业，例如广东阳江东水古法造纸工场向全国各地的游客开放，在为游客提供有特色的旅游体验的同时，向大众传播手工纸的魅力。除此之外更有年轻的设计师自发地去保护、传承和宣传这项传统的手工艺，在书籍设计和包装设计中选择传统手工纸作为设计材料。位于云南腾冲的高黎贡手工造纸博物馆（见图 7-1）便是由三位年轻的设计师

设计与建造的，意在保护与传承腾冲的手工纸。目前我国内地的手工纸造纸技术一般是上一代人传授给下一代人或是师傅传给学徒，多应用于书画、农产品包装、抄写经文等，造纸过程耗时较长，工序步骤复杂，同时无纸化时代的到来对其发展也影响巨大。[①] 现今全国各地的手工纸在发展上都面临着残酷的考验，市场上只有宣纸拥有规模成熟的书画用纸市场来支撑其产业的发展。传统工艺振兴计划于 2016 年由文化部启动制定，振兴传统工艺被上升为国家战略后，越来越多的国内设计师开始关注手工纸，并将其与设计相结合。

## 一、四川夹江手工造纸

### （一）夹江手工造纸工艺

清代以后，夹江手工造纸便以竹子为主要造纸原料，当时的夹江手工造纸被概括为"砍其麻、去其青、渍其灰、煮以

---

① 汪泳，张玉姣.手工纸设计再生的几个案例[J].民艺，2019(4).

火、洗以水、舂以臼、抄以帘、刷以壁"八大工序。中华人民共和国成立时，夹江纸一度停产，直至改革开放以后，在政府的重视与保护政策下，夹江纸才逐渐恢复生产。夹江竹纸从原料采集，至辅料备制，再到抄纸烘纸，有72道工序之多，包括砍竹麻、脱青、捣竹子、上篁锅、洗灰、漂白、除砂、抄纸、榨纸、刷纸、上墙等，与明代《天工开物》中的记载极为吻合，但因所制作的纸品不同，工艺略有变替，现分述如下：

### 1.砍竹、运竹

手工造纸对原料的选择非常严谨。夹江的竹子品种较多，目前用于造纸的主要是白夹竹。白夹竹是一种生命力较为顽强的竹子，种活后无须料理即可生长，在砍伐时需掌握适当的时机。纸农中流传有"立夏前三天没有砍，立夏后三天砍不赢"的说法。一般嫩竹用于书画纸，过季的竹可造粗糙的"火纸"，即民间用于祭祀的纸。如果用竹料配合麦秸、桑皮做原料，就能造出韧性更高的纸品。

### 2.水沤、杀青

在民间又称"脱青"，脱青主要有两种方式：一种是削皮，一种是"水沤脱青"。"脱青"前先将长竹截成两至三节。用于制作书画用纸的竹料须削掉青皮，削皮后的白筒以光洁为佳。而"水沤脱青"是将竹放入池窖内浸泡一个月左右（见图7-2）。竹皮浸泡至变黄后捶料去掉竹壳。捶料在户外进行，需要"天时地利人和"才能完成，脱皮后将竹打成白坯即可进入下一道工序。

◀ 图 7-2　夹江状元纸坊沤料池

### 3.蒸煮、发酵

将竹料放在清水中浸泡一个星期左右，再按比例将生石灰加入池窖中溶解。将待腌竹料分别置入石灰池中来回搅动，排出竹料中的气泡，使竹料沾满石灰水。最后把浸好的竹料拿出池窖进行蒸煮。蒸煮时竹料放置的顺序是老竹在底层，放满后用麻布包上、踩实。最后放水入锅，生火蒸煮六七天。待蒸煮的竹料温度稍降，几个人登上篁锅顶部，用长柄木杵舂捣竹料，然后用铁耙把竹料从锅内钩出放置地上，安排两人捶打竹料去掉石灰。再用流动水清洗五至六遍，接着进行第二次蒸煮。第二次需在蒸煮过程中加入碱液，碱液的作用是分解竹纤维的胶质蛋白，软化竹料。整个蒸煮的过程大概耗时一个星期。然后放入有清水的石缸中打堆发酵一个月左右，最后漂洗干净。①

---

① 吴雅.故纸犹香:夹江手工纸的魅力[J].美术大观，2013(6).

▶ 图7-3 夹
江大千纸坊
制浆池

4.制浆、抄纸

制浆时需要舂捣竹料,有两种方法:一是人工脚碓,二是电动石磨磨料,其目的都是舂碎竹料。人工脚碓的效率较低,但纸张韧性较好;机器磨料效率高,但会破坏竹料的纤维。竹料被打成泥状后还要进行漂白,又称"漂料"(见图7-3)。将捣碎的竹泥用篮子在水缸中来回荡动两至三次,有的纸坊会加入漂白粉以便"脱色"。漂白纸浆后,加入纸药(又称为"滑水"),可使纸更平滑,并方便揭纸。搅拌纸浆后在纸槽静置一天,便可进行抄纸了。抄纸的主要设备是竹帘,其构件包括竹帘、帘床、吊架。抄纸的关键技术是"拍浪"和"荡帘"。"拍浪"是将竹帘放入纸浆中搅拌,让纸浆漂起;"荡帘"则是一项考验抄纸师手艺的工序,其轻微的动作都会影响到纸张的质量。一方面,纸张的厚度是由"荡帘"所用力度的大小决定的:荡轻了纸会变薄,荡重了纸会变厚。另一方面,纸张纤维的分散与排列状况全凭纸帘水流的缓急和方向而定。这些细微的动作技巧，只能由抄纸师在操作中凭借悟性与经验去把握。夹江一些技艺高超的造纸师傅可以连抄数百张厚薄、纤维排列等几乎完全一致的纸张。

5.揭纸、烘焙

抄好的湿纸要进行压榨脱水，该工序是先将纸放置在压榨机上，纸面上覆盖竹笆板，然后将压榨机上的"千斤顶"置于竹笆板上，装上杠杆，后端套绳索。绳索连接压榨机前的滚轮，滚轮可插上短木棍，转动"转盘"后可缩短绳索，千斤顶往下施力，挤压出湿纸中的水。压榨后需静放一天，让水分继续缓缓流干（见图7-4）。

◀图7-4　压纸

压榨后的湿纸，还需"揭纸焙干"。夹江烘焙纸是在室内进行的，室内的"火墙"不受天气的影响，可防止纸被风吹破。<sup>①</sup>这项工作强度不大，但需要心细手巧，有耐心，否则不小心将纸揭破就前功尽弃。因而夹江地区揭纸的步骤一般交由家中的妇女或老人来负责。（图7-5）

▲图7-5　大千纸坊工人揭纸

### 6.打包、出售

首先检查纸张中是否有破损、厚薄不均匀等次品，把这

---

① 吴雅. 故纸犹香：夹江手工纸的魅力 [J]. 美术大观，2013(6).

些纸张挑出来，再将质量好的纸张整齐排放，每百张为一刀。叠放好后，用大刀裁切整齐（见图7-6）。最后将纸张按不同的规格要求进行打包，打包后即可出售。

（二）夹江竹纸种类

纸在中国社会发展和人类文明的传播中发挥着重要的作用。纸张出现后，以低廉的价格和轻便的质地，不仅在书写载体上代替了竹、帛，而且在家庭装饰、民俗礼仪、生活娱乐等其他诸多领域发挥着重要作用。近代以来，尽管机器造纸日益普及，传统手工纸的使用规模和应用领域逐渐缩小，但其作为中国传统文化的一种物质载体，在很多方面仍然具有不可替代的作用。

随着纸制品的日益发展，手工竹纸的功用也更加丰富，结合印刷、包装等技术在物质生活和精神领域扮演着重要角色，在世界的纸品市场上占有重要地位。①

### 1.书画用纸

夹江手工竹纸最重要的用途就是作为书写材料，是传统书法与绘画艺术的重要载体，是人与人之间交流的重要媒介之一。夹江手工竹纸始终保留着古法制作工艺，具有纸质细腻、厚薄一致、手感绵软、易于受墨等特点，且纸张韧性强、浸润性好，不容易起皱，在进行拓裱时不起毛、不断裂，纸型舒展美观，同时还能够保

▲ 图7-7　夹江手工竹纸

存较长时间（一般达200多年），适宜书法、绘画创作。夹江竹纸无论在产量、种类、质量上都比四川省其他地区的纸要好（见图7-7）。

### 2.印刷用纸

在机器印刷普及之前，夹江手工竹纸是四川省重要的印刷材料。清末四川设立官书局，先后刻印了《史记》《汉书》《三国志》《唐诗选》《文选》《蜀典》等上百种传世文献，它们

---

① 孙琳.四川省夹江县传统手工竹纸调查研究[D].重庆：西南大学，2015.

所选用的纸张大多是产自夹江的手工竹纸。1931年云南设立通志馆，历时13年编纂完成266卷《新纂云南通志》，在当时机制纸成为印刷业主要用纸的情况下，该书指定以夹江手工竹纸为印刷材料。该书现藏于云南省图书馆等单位。除了官府和书院刻印之外，不少私人和民间书商亦用夹江手工竹纸印制书籍。[①]

3. 民俗礼仪用纸

与夹江手工竹纸有密切关联的另一项民俗技艺，就是同样被列为国家级非物质文化遗产的夹江年画，它通过巧妙的搭配将富丽的色彩凸显于纸上，生动地带来古朴的美感。此外夹江手工竹纸还作为冥纸使用。在夹江，冥纸又称为"神猪纸"，一般质地粗糙厚重的纸张就用于祭祀等活动。每逢清明节、中元节及过年之时，人们都要前往先祖墓前焚烧纸钱等物。尽管目前冥衣、冥裤等祭祀用品基本已改用价格较为低廉的机制纸，但用于焚烧的冥纸却仍然多用手工竹纸制作。这可能与民俗习惯和人们的传统心理有关，觉得手工纸能更好地在冥府通行，被逝者接收，成为沟通神与人的情感符号，而且它比光滑的机制纸更能表达生者对逝者的哀思之情。[②]

（三）夹江手工造纸存在的问题

夹江手工纸技艺有几百年的历史，多年来也一直是当地

---

① 孙琳. 四川省夹江县传统手工竹纸调查研究[D]. 重庆：西南大学，2015.
② 孙琳. 四川省夹江县传统手工竹纸调查研究[D]. 重庆：西南大学，2015.

农民的主要经济来源。但近年来因为造纸水污染问题严重，村民对造纸有一定的抵触情绪，加上纸张产品的机械性能不如机制纸以及价格较高等因素，夹江手工纸的生产与销售全面受挫，几乎全部停产。如果任由这种情况继续发展，我们曾经辉煌的手工纸技艺就面临失传了，将给夹江传统文化带来极大的损失。①

　　1.环境污染严重，生产成本高

　　夹江造纸所用的纸浆大部分采用烧碱法蒸煮、次氯酸盐漂白的方法，会对环境造成一定的污染。而且各造纸作坊分散生产，污染源较多，污水收集处理的费用较大，治理较难。因此这些污水基本上是直接排放出去的，对水体及周边环境带来的危害很大。环境污染导致技术改革与传统技艺发展停滞不前。②另外，夹江自古以来以嫩竹为造纸原料，但自20世纪60年代开始，人们过度砍伐竹林，致使原料短缺。且因为水土的变化，白夹竹和水竹等品种目前在夹江很难栽种，部分地区只能采用龙须草或干慈竹等较差的材料替代，如果外购造纸原料，运输和人力成本的提高又会影响纸张的销售。

①　杨玲，李文俊.夹江大千书画纸生产及其研究进展[J].黑龙江造纸，2010(3).
②　姚金金.夹江手工造纸技艺及其品牌形象研究[D].成都：四川师范大学，2016.

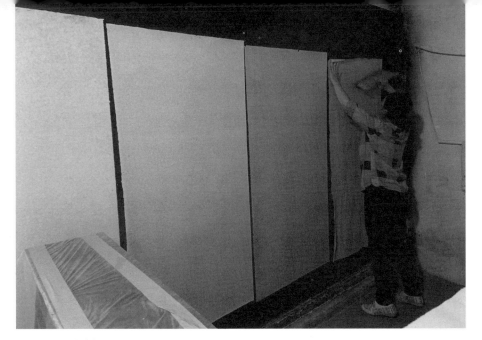

▲ 图7-8 传统烘纸

2.缺乏现代管理，劳动生产率低

夹江手工纸的生产长期处于小作坊生产的水平，生产设备落后（见图7-8），也没有专业的科研机构和专职的营销部门，没有统一的质量标准，没有标准执行的监督机构，最终影响了书画纸的分类与分级，限制了市场的发展，难以形成高水平的产业化，生产效率跟不上现代机制纸的发展速度。总的来说，夹江手工纸采用封闭式的自然生产，缺乏科学、先进的管理技术（见图7-9）。[①]另外，由于当地农户资金短缺，也没有经过专业技术培训，对材料、设备、工艺等一知半解，不具备优化程序，提高效率的能力，从而影响了书画

---

① 李贵华.浅论夹江手工造纸业的发展（下）[J].中国造纸，1989(5).

▲ 图7-9 状元纸厂旁的小作坊

纸的产量和质量。①

3. 品牌意识不够，营销方式落后

目前夹江手工纸虽然有一定的名气，但没有形成品牌效应，导致优秀的纸品沦为一般的书画练习用纸。另外，还有一些商贩用优质夹江手工纸冒充安徽宣纸，市场秩序混乱，致使夹江书画纸无法树立良好的品牌形象。在营销方面，夹江手工纸的生产者就是销售者，销售渠道也大多为零散的销售点，销售方式落后，缺乏现代化的商业运作模式，而且供销无保障，售后服务差。总体来说，夹江手工纸在现代市场竞争中没有拓展国内外市场以及扩大竞争优势的能力。②

① 杨玲，李文俊. 夹江大千书画纸生产及其研究进展[J]. 黑龙江造纸，2010(9).
② 姚金金. 夹江手工造纸技艺及其品牌形象研究[D]. 成都：四川师范大学，2016.

### 4.没有文化挖掘，技艺濒临失传

传统文化遗产是在一定的社会条件下产生创造出来的，与特定的生产力水平相适应。[①]夹江传统手工造纸业的基本传承方式是单一的"口传耳授"的家族传承模式。没有进行传统文化的挖掘和科学的教育培训，致使掌握传统手工造纸工艺的人数急剧减少，而且手艺人老龄化的情况也非常严重，他们的创新思维和创造能力有限，难以适应新技术的开发与应用，无法让传统文化转化为经济资源。另外也难以形成科学系统的文化发展与技艺传承系统，致使造纸技艺面临断代的风险。[②]

## 二、贵州石桥手工造纸

石桥村隶属贵州省丹寨县南皋乡（见图7-10），全村总面积7.9平方公里，共有3个自然寨，6个村民小组，313户1253人，其中少数民族占80%，是一个以苗族为主的少数民族聚居地。[③]境内土壤肥沃，特产丰富，平均气温13℃～18℃，村内人文资源丰富，自然风光优美。手工造纸是南皋乡石桥村特有的民族传统工艺，已有1000多年的历史，石桥苗族村民沿用古法生产白皮纸，其生产工艺流程与《天工开物》的图示基本一致，且传统工艺保持完好，被称为我国

① 孙琳.四川省夹江县传统手工竹纸调查研究[D].重庆：西南大学，2015.
② 姚金金.夹江手工造纸技艺及其品牌形象研究[D].成都：四川师范大学，2016.
③ 黄晓海，吴平.中国古法造纸之乡——丹寨石桥村[J].原生态民族文化学刊，2015(4).

现存的"活化石",也被称为"中国古法造纸文化艺术之乡"。
2006年"皮纸制作技艺"被列入首批国家非物质文化遗产名
录,2011年"石桥黔山古法造纸专业合作社"入选第一批国家
级非物质文化遗产生产性保护示范基地。现在全村从事造纸
业的有60余户,目前主要生产白皮纸、彩色皮纸,纸品种类
达200多款,纸质好,特别是彩色手工纸在全国绝无仅有,石
桥迎春纸被中国国家博物馆、国家图书馆定为专用纸,部分彩
色皮纸还销往澳大利亚、日本及东南亚国家。

▲ 图7-10 贵州丹寨石桥村①

  丹寨皮纸是我国传统手工纸中的佼佼者,但制作丹寨皮
纸需经过复杂的流程,在采集构树皮后还要经过水泡、蒸煮、

---

① 图片来源:https://baike.baidu.com/item/石桥村/12813404? fr=aladdin.

漂洗、碎料、抄纸、烘纸等多个复杂的步骤。[①]用这种方法制造出的丹寨皮纸纸面平整、颜色悦目、吸墨性好，并具有非常强的柔韧性，即使在水中完全浸泡也不易破损。更难得的是丹寨皮纸具有非常好的耐酸性和耐虫性，寿命有上千年之久，已被国家图书馆定为修补古籍文献的专用纸张，同时也用于茅台酒的包装。

史料上丹寨传统手工纸的起源时间并无清晰记载，丹寨县志及其他相关文献中也没有关于丹寨手工造纸的内容记录。目前仅能从《贵州省志·轻纺工业志》和《广顺州志》中获知部分信息，比如里面记载着丹寨皮纸的传承脉络为都为皮纸，由长顺县白云镇的翁贵发展过去，而翁贵皮纸则起源于明代早中期或更早时候。[②]

以前石桥村的手工造纸是在村东头的天然溶洞中完成的，这个溶洞天然具有源源不断的清澈流水，使得狭小的洞穴成为理想的造纸工厂。这个天然的溶洞就是石桥黔山手工造纸专业合作社的专用造纸场所。石桥村的手工造纸术一直被村民们延续着，村中家家户户几乎都有自己的造纸作坊，石砌的水池和用于烘纸的土炕是每个造纸作坊的标配。

以前石桥村位置偏僻，交通不发达，出产的手工纸难以对外销售，只在本地使用，供本县的学子读书写字。造纸技艺也仅在父子或师徒之间小范围传承，无法发扬光大。改革

---

① 闫玥儿，俞宏坤，余辉，等. 非物质文化遗产贵州丹寨古法造皮纸的织构性质研究[J]. 复旦学报（自然科学版）2016(6).
② 冯雪琦. 贵州丹寨古法造皮纸考察[J]. 文物修复与研究，2014(0).

开放以后，机械化造纸逐渐取代手工造纸，在这种变化下，石桥村的家庭作坊式造纸受到巨大冲击。一部分家庭作坊不得不放弃旧产业，外出打工，石桥村的手工造纸也由此走向衰落。直到 1998 年，石桥村的手工纸制作技艺被时任贵州省旅游局局长傅迎春偶然发现，才得以被社会关注，成为丹寨旅游的重要项目。① 如今石桥村的手工造纸作坊每天都以非物质文化遗产的身份迎来大量慕名参观的游客，其中不乏来自美国、法国、意大利、日本、澳大利亚等世界各国的客人。② 南皋乡相关负责人介绍，石桥村手工纸每年可给村民带来 800 多万元的收益，比当地农作物的收益还多，是名副其实的经济支柱。

　　丹寨手工造纸工艺非常古老，历史悠久，是珍贵的文化瑰宝。由这古老工艺生产出来的纸张风格独特。丹寨县现已将这一传统工艺文化列入旅游开发的重点项目，成为贵州省旅游资源中的一个亮点。贵州省自 2004 年开始投入 2000 多万元资金对丹寨手工造纸工艺进行整理与保护，包括修缮民居建筑、兴建作坊、治理环境、改善旅游设施和人才引进等，着力提升手工纸的质量与开发新的旅游商品，如把手工纸应用于贺卡、手提包、店面装饰等，带动村民增收致富。史料中虽提及古时用树皮造纸，但未对树皮造纸的工艺进行详细记录，而丹寨石桥村手工造纸的工艺流程刚好弥补了史料的

---

①　冯雪琦. 贵州丹寨古法造皮纸考察[J]. 文物修复与研究，2014(0).
②　郭宁娜. 贵州丹寨"古法造纸"重焕生机[J]. 科技视界，2011(11).

空缺，为树皮造纸提供了活版教材。

近年来，石桥村的手工造纸得到了良好的发展，石桥村开始着力按保护非物质文化遗产的要求进行活化，石桥村创办了许多造纸合作社，用规模化的经营来对濒临失传的造纸技术进行开发保护。

## 三、浙江富阳手工造纸

富阳是著名的纸乡，享有"造纸之乡"之名。富阳的手工造纸可溯源到 1900 多年前的汉明帝时代，"京都状元富阳纸，十件元书考进士"，从一个侧面反映出富阳元书纸对人类文明的贡献。改革开放以后，富阳把造纸工业打造成本区的经济支柱，目前造纸工业产值已占全区工业总产值的 1/5。富阳以传统工艺带动造纸业大力发展，如今区内造纸从业人数达 5 万人，造纸产量超过全省的 1/3。[①]

富阳传统纸品有竹纸、草纸、皮纸三大类 50 多个品种，如元书纸、坑边纸、斗方、粗高、名糟、三顶、柔皮纸、绵纸、桃花纸、蚕种纸等，纸品薄如蝉翼，韧似纺绸，品类众多且质量较好。

从汉代以来富阳就开始造纸，初时以桑根为原料，后来改用藤皮与楮皮。到了东晋，富阳开始以嫩竹为原料生产手工纸。唐代，富阳所产的黄白状纸为纸中精品。到了宋代，

---

① 钟周. 中国传统手工纸的设计应用 [M]. 北京：中国建筑工业出版社，2019.

富阳的造纸技术更加精进，已生产出三大名纸：元书纸、井纸和赤亭纸，这三大名纸是当时朝廷锦夹奏章和科举试卷的上品用纸，由优质原料精制而成，细密坚韧、质地光滑、远近闻名。清朝光绪年间的《富阳县志》有记载："邑人率造纸为业，老小勤作，昼夜不休"，可见当时造纸的盛况。[①]

20世纪以后，富阳造纸进入鼎盛期，一方面肩负着传承传统工艺的责任，继续传统特色纸品的生产，另一方面创新工艺，改良生产设备，在原料与工艺上进行调整，发展大规模的机械化生产，使富阳纸从单一的书写纸生产中解放出来，发展为包装用纸、纺织用纸、医学用纸、生活用纸、军事用纸、烟花爆竹用纸等多个大类，100多个品种。富阳纸品不但行销全国，还出口拉丁美洲、非洲和东南亚等国际市场，其中"京放纸"和"昌山纸"在1915年巴拿马万国商品博览会上获得二等奖；元书纸、乌金纸在1929年举行的西湖博览会上获特等奖。

1999年7月，富阳市政府批准设立了春江、大源、灵桥三个造纸工业园区。到了2004年，富阳市被认定为"中国白板纸基地"。富阳市政府为支持富阳纸业发展，已经成立专门的领导小组，为其落实相应的配套政策，因地制宜地大力发展造纸产业。

---

① 富阳县志编纂委员会. 富阳县志[M]. 杭州：浙江人民出版社，1993.

（一）富阳传统造纸的工艺技术

竹浆造纸是现代木浆造纸的先驱，为木浆造纸积累了经验和方法。从富阳泗州宋代造纸遗址可以窥见中国古代竹浆造纸精妙的工艺流程，其大概有16道工序，如砍竹、削行、拷白、浸泡、腌料、煮料、漂洗、堆料、春料、打浆、制纸药、抄纸、烘纸、分纸等。这些工序也可以概括为沤、煮、捣、抄、烘五个主要环节，每个环节都有很高的技术含量，现分述如下。

（1）沤：沤即沤料，把采集来的原料放入水池中浸泡，直到原料腐烂方捞出使用。每年春末小满之前，工人从山中砍来嫩竹，这些嫩竹要放入清水池中浸泡三个月之久。

（2）煮：沤好的原料需要再进行蒸煮。工人在灶台上架上一口锅，在上面套上木桶，然后再将原料倒入桶中，用火煮沸八天八夜。蒸煮的过程需昼夜不断火，其间还需不断搅动。蒸煮完毕后，原料还需在桶中沤上一天，才能取出使用。

（3）捣：这是非常费力的工序，主要利用杠杆原理制成石碓或木碓，将原料春捣成粉末状。其过程就像捣年糕，一个工人用脚踩，一个工人用手翻动。原料捣完以后，需进行漂洗，这是制作高质量纸张的必需流程。

（4）抄：抄纸就是把纸浆放入抄纸槽中，兑入纸药，搅拌均匀后再以竹帘置于槽中捞纸，滤水后，留在竹帘上的便是成形的湿纸，然后再将纸帘反扣在纸架上，纸张便堆放在一起了（见图7-11）。之后还要用压纸装置把纸中的水分压掉。

（5）烘：烘纸要先用香糕砖砌成两堵空心墙，一头接烟囱，另一头烧柴火加热，流动的热气会使空心墙均匀受热，当墙面温度上升到40℃左右时，再将湿纸分开贴在墙面上，墙壁的热量会使水蒸发，当纸张干了后揭下来便可以使用了（见图7–12）。

富阳当地用这种毛竹造纸工艺制成的元书纸和毛边纸久负盛名，其中元书纸在北宋真宗时期就已经被选作"御用文书纸"。因为皇帝在每月元日举行庙祭时都用该纸来书写祭文，故被称为元书纸。元书纸的表面非常光洁，色泽白净悦目，微含竹子清香，着墨时不易发生渗散，用于写字作画的效果

▲ 图7–11　抄纸后手工纸堆放在一起

▼ 图 7-12 纸在空心墙均匀受热烘干

非常好。后来又因当时的大臣谢富春大力支持这种纸的生产，后人为了歌颂其功绩而称之为"谢公纸"或"谢公笺"。

（二）富阳手工造纸的历史与未来

富阳造纸已有近 2000 年的历史，造纸工业现为富阳地区的主要产业。但目前，富阳造纸工业的经济效益不好，并呈快速下降的趋势。[①]这是因为国内外经济环境在不断变化，富

① 胡修靖. 杭州市富阳区造纸行业的现状与未来——富阳造纸行业简要分析［J］. 商，2015(7)．

阳纸业的销售市场出现疲软，同时，废水污染等问题也是富阳所有造纸企业面临的环保问题。①

目前正是中国造纸行业发生重大历史变革的时代，在当前文化产业大发展的形势下掌控正确的方向，无论对富阳现代造纸业的长远发展，还是对保护富阳传统手工造纸术都具有积极的意义。富阳的造纸业迫切需要改革，以适应时代的新形势和新需要。我们要在产业发展、技术改造、整合升级等一系列改革中发展富阳手工造纸产业，使这一优势传统产业随着政策扶持以及得天独厚的自然资源恢复健康的发展态势，形成极具特色和强大生命力的产业集群。②

## 第二节　手工纸行业工艺技术的价值

传统手工纸是以手工抄造而成的纸，在制作过程中基本上不使用动力机械，因此，手工纸的优势是纸张柔软有弹性，硬度小，易于折叠且透光性较好，不仅适用于绘画书写以及油墨、油漆的印刷，而且也能带给受众良好的感官体验。相较于机制纸，传统手工纸可以很好地传承民族文化和表达民族情感，为文化的传承架起一座桥梁。手工纸蕴含着丰富的

---

① 文心.富阳造纸工业遭遇行业升级冲击波[J].造纸化学品，2006(3).
② 葛彩虹.循环经济与传统产业的生态耦合性思考——以杭州富阳造纸产业为例[J].山东行政学院报，2016(2).

文化信息，曾经极大推动了世界科技、经济、文化的发展。与此同时，手工纸包含着中国传统的造物思想，注重天地人和，与自然和谐共处。此外传统造纸技艺更具有深厚的民族文化情怀。如今，人们越来越注重生活中各类产品的美学效果，也更重视传统手工艺在现代生活中的价值体现。笔者现将手工纸的价值具体总结为以下几点。

## 一、文化价值

随着经济逐渐全球化，国与国之间的联系越来越紧密，国外的产品不断涌入中国市场，它们以出色的产品外观和独特的设计创意赢得了中国消费者的喜爱。在消费升级的大趋势下，很多消费者盲目追求西方产品，而忽视了具有中国文化特色的产品。而手工纸作为中国传统文化的产物，包含着文化传承与匠人精神，纸张所带来的触感也更能使受众对中国传统文化、古代历史等产生联想。[1]在国家大力保护非物质文化遗产、倡导"中国传统工艺振兴计划"的语境下，将传统手工纸运用到现代设计中，不仅体现了传统工匠精神的当代传承，而且有助于促进我国非物质文化遗产的有效保护和传统手工艺的传承与发展，更有助于彰显传统文化的当代价值。[2]

---

① 黄绮璘.消费升级背景下的手工纸产品创新设计研究[J].名作欣赏，2018(15).
② 陈日红.中国传统工艺振兴语境下的工匠精神[J].包装工程，2018(4).

## 二、情感价值

在第四次工业革命时代的背景下，设计师应思考如何向
大众传递人文情感，令产品升温。设计中的人文情感不仅仅
体现在功能设计上，被赋予更深的人文内涵和情感内涵，可
能涉及自然、民族、文化等诸多方面，追求精神层面审美享
受。[①]正如鲁道夫·阿恩海姆（Rudolf Arnheim）所说，"如果
说眼睛是艺术活动的父亲，手就是艺术活动的母亲"[②]。手工纸
在制作过程中经历多种工序，需要技艺高超的造纸匠人凭借
丰富的经验来控制水与纸浆的比例、捞纸的速度，因此每一
张纸的质量并非完全一样，在焙纸的过程中甚至会留下匠人
细微的指纹，恰恰是这种手工劳作的方式显示出每一张手工
纸的独特性。在科技快速发展的今天，手工制造作为一种情
感符号能改变快节奏生活中工业流水线的冷漠感，传统手工
纸与设计的结合能传递更多的人文关怀，显示出手工纸独特
的情感价值。

## 三、生态价值

当今时代，人类赖以生存的环境面临着各种严酷的问题，
如资源过度消耗，环境遭到严重破坏等。手工纸源于自然，

---

① 刘倍彤，魏真.探究设计的人文情感表现[J].戏剧之家，2020(14).
② 鲁道夫·阿恩海姆.艺术与视知觉[M].滕守尧，朱疆源，译.成都：四川人民出版
社，1998.

以原始的手工工艺制作完成，纸张易于降解，虽然生产过程存在水污染的问题，但相较于现代流行的许多具有环境隐忧的设计材料（如塑料、聚苯乙烯泡沫）而言仍有环保优势。而且手工纸的视觉属性已经成为一种强调环境保护的绿色符号。如今可持续发展已经逐渐成为社会所倡导的理念，作为绿色符号的手工纸若应用于现代设计，可以直观地传递出绿色健康的设计理念，符合环保、易降解的新时代新设计的理念[①]，同时体现了设计道德与责任的回归。现代设计强调在人、社会与环境间建立起一种协调共生的机制，实现设计的可持续发展。传统手工纸产品的再设计也需要与绿色设计理念紧密结合。

## 第三节　手工纸行业的可持续发展

　　我国传统手工造纸技艺需要考虑产业、制度、技术和精神四个层面的提升，以确保其在现代社会中的延续和繁荣，实现可持续发展。

　　在产业层面，可持续发展要求我们采取开放包容的态度，鼓励技艺改良和创新，以适应时代的变化和市场需求。造纸流程体验、造纸产地旅游等新项目、新方式，可以为手工造

---

① 魏鑫，赵静.现代包装设计中手工纸的应用探析［J］.设计，2020（1）.

纸产业带来新的发展机遇。同时，我们还应探索利用现代技术与媒介推动传统技艺的传播与发展。利用电视、网络、社交媒体等渠道，展示手工纸的制作过程和美学价值；通过文化节目和展览等艺术活动，引起公众对手工纸工艺的兴趣和关注，激发他们参与和支持的热情。探索手工纸与出版行业的融合路径，同时，与设计师、艺术家和文化机构合作，将传统手工纸与现代艺术设计相结合，开辟新的市场和应用领域，提升传统手工纸的价值和市场竞争力。

在制度层面，可持续发展要求造纸相关企业建立规范化的现代企业制度，为手工造纸工人提供社会保险和带薪休假等福利待遇，保障他们的权益和福利。同时，要注重人性化的管理方法，重拾传统手工造纸中家庭式的人文关怀，为工人提供职业发展通道，鼓励他们不断提升技能和开阔眼界。此外，还应加大对创意和研发的投入，促进成果的转化和创新的推动。

在技术层面，可持续发展要求我们利用现代技术手段对传统手工纸工艺进行保护和保存，通过融媒体平台，多渠道加强传统手工纸工艺的宣传和推广。运用数字化技术对手工纸的制作过程、材料选择和工艺要点进行记录和存档，不仅可以确保手工纸工艺的传承与流派的保存，还可以为后代学习和研究提供宝贵的资料。同时，利用现代的质量监测设备和技术，可以对手工纸的质量进行准确的评估和监控，确保手工纸的制作符合规范，保持原有的高品质。

在精神层面，可持续发展要求手工造纸者具备好奇心和求知欲，勇于探索，修炼内心。他们应成为具有职业意识和全面发展的现代人，通过持续的学习和成长，将传统手工造纸技艺与现代社会需求相结合。

产业、制度、技术和精神四个层面的努力缺一不可，唯有如此，传统手工造纸技艺才能实现可持续发展，使其在现代社会中保持活力和吸引力。同时，这也有助于传承和弘扬中国传统造物思想，以及传统手工造纸技艺所体现的道法自然理念。

传统手工纸工艺的传承离不开以下两类人群的努力，为了实现可持续性发展，笔者尝试对以下两类主体提出一些意见与建议。

## 一、手工造纸从业者

手工造纸从业者包括手工造纸技艺类的"非遗"传承人、手工纸企业主、企业管理人员、造纸工人和销售人员等。针对这些从业者，以下是一些建议，以促进他们的个人成长和手工造纸行业的可持续发展。

对于"非遗"传承人来说，他们承载着守望文化的责任。他们应该认识到自己的重要性，并努力培养年轻一代的技艺传承人。他们应该传授当地特色造纸工艺的奥妙之处，并且及时报告并解决技艺传承中遇到的难题，发挥自己的经验和智慧，为行业的发展提供建议和贡献。

手工纸企业主和管理人员应该敢于创新，走上精品化发展道路。他们应该尝试新的创意，整合资源，对新型纸纤维的合成和生产工艺进行研发，以扩大手工纸的适用领域和受众群体。同时，应该采用现代企业管理制度和技术创新，改善造纸工人的工作条件，提高生产效率和产品质量。

对于造纸工人来说，他们应该改变只是为了生计而工作的观念。他们应该将手工造纸看作一项长远的事业甚至是一生的道路，培养职业意志和工匠精神。他们应该保持好奇心和求知欲，不断学习和提高自己的技能。通过持续的学习和成长，他们可以成为手工造纸行业的中坚力量。

销售人员在手工纸行业中也扮演着重要角色。他们应该提供真实可靠的产品，并树立良好的口碑。与此同时，他们也应该尝试利用物联网、移动直播、虚拟现实等新渠道进行营销推广，探索差异化的销售方法和模式，以吸引更多的消费者关注和购买手工纸产品。

通过以上建议，我们希望激励手工造纸从业者在个人成长和行业发展方面取得进步。他们的努力和创新将为手工造纸行业的可持续发展注入新的活力，使传统的手工纸工艺得以延续并与现代社会相融合。

## 二、手工纸相关行业者

手工纸行业从业者涵盖了政府文化管理部门的工作人员、"非遗"领域的专家学者以及艺术界人士等。

首先，传统手工造纸行业要顺应行业的发展趋势，避免盲目扩张产业规模。相关管理部门应制定合适的发展策略，并设立专项资金来引导手工纸的保护和发展。这些资金可用于支持列入国家、省、市非物质文化遗产名录的手工纸项目，并通过评估来动态调整名录中的项目。这些资金可以以基金会的名义发放，并只限于参与手工纸制作或相关产品创作的一线工作坊。同时，一定比例的利润应返还给基金会。另外，政府可以通过购买服务的方式向手工纸的传承人提供劳务费用，或举办公益性的手工纸技能培训。此外，笔者也建议对那些长期致力于手工纸保护工作的人员颁发相关证书和荣誉称号，作为精神上的奖励。

其次，为了保障传统手工纸市场的交易畅通，建议建立线上线下的传统手工纸及相关纸艺作品交易市场。这将为传统手工纸的销售提供更广阔的渠道。应重视与传统手工纸相关的"非遗"科普工作，并努力促进科技与文化的融合。应将古代传统技艺与现代展示手段有机结合，既追求形式上的匹配，也追求精神上的融合。

最后，对于传统手工纸领域的专家学者，建议采用自然科学和人文社会科学的前沿研究方法，深入了解传统手工造纸的一线实践。应打破长期以来将传统手工纸仅仅视为书法和绘画艺术载体的刻板印象。艺术家可以在纸雕塑、纸艺和文创等与纸有关的艺术创作中跨越领域，形成系统化的纸艺设计语言。

以上建议旨在促进传统手工纸行业的发展和保护，确保这一重要文化遗产得以传承和发扬光大。

# 参考文献

长甘."侯马盟书"丛考［J］.文物，1975（5）.

陈呈耳.中国与欧洲手工造纸的初步比较［J］.纸和造纸，1987（4）.

陈芳.关于故宫文创繁荣背后的纸质文创产品研究［J］.艺术品鉴，2020（12）.

陈嘉林.纸制品包装的绿色设计对策［D］.杭州：浙江大学，2005.

陈启新.水碓打浆史考［J］.中国造纸，1997（4）.

陈日红.中国传统工艺振兴语境下的工匠精神［J］.包装工程，2018（4）.

陈竹君.非物质文化遗产档案研究［D］.合肥：安徽大学，2010.

纯真.失传千年"流沙纸"、"斑石纹纸"古纸新造［J］.中华纸业，2014（14）.

戴家璋.中国造纸技术简史［M］.北京：中国轻工业出版社，1994.

丹青.与纸史有关的"苫"、"箔"二字字义是否相通？［J］.中国造纸，1986（4）.

邓海莲.浅谈白酒的纸包装设计[J].艺术探索,2005(2).

杜安,胡晓宇,高小超.武则天金简的制作工艺[J].文博,2017(6).

杜霄枫.苏易简《文房四谱》研究[D].郑州:郑州大学,2019.

冯彤."和纸"的制作工艺及象征文化阐释[D].北京:中央民族大学,2008.

冯雪琦.贵州丹寨古法造皮纸考察[J].文物修复与研究,2014(0).

付彧.手工艺对现代设计的影响[J].包装工程,2015(24).

富谷至.木简竹简述说的古代中国:书写材料的文化史[M].刘恒武,译.北京:人民出版社,2007.

富阳县志编纂委员会.富阳县志[M].杭州:浙江人民出版社,1993.

高静.浅谈再生纸类产品的发展[J].大众文艺:学术版,2012(2).

葛彩虹.循环经济与传统产业的生态耦合性思考——以杭州富阳造纸产业为例[J].山东行政学院报,2016(2).

苏易简,等.文房四谱(外十七种)[M].朱学博,整理校点.上海:上海书店出版社,2015.

顾明远.第三次工业革命与教育改革[J].基础教育论坛,2013(33).

关传友.中国竹纸史考探[J].竹子研究汇刊,2002(2).

关义城.手漉纸史の研究[M].东京：木耳社，1976.

郭宁娜.贵州丹寨"古法造纸"重焕生机[J].科技视界，2011（11）.

韩飞.从纸的一般性能看敦煌悬泉置遗址出土的麻纸[J].丝绸之路，2011（4）.

何谋忠.洒金粉蜡笺条幅修复技法探讨——以清代《铁舟书法》的修复为例[J].丝绸之路，2015（24）.

侯萍.贡斌与染黄纸[J].中国艺术时空，2019（6）.

胡受祖.中国造纸工业技术发展的方向[C].北京造纸学会第六届学术年会，1999.

胡修靖.杭州市富阳区造纸行业的现状与未来——富阳造纸行业简要分析[J].商，2015（7）.

胡正言.十竹斋笺谱日志　举案篇[M].北京：中国书店，2016.

黄绮璘.消费升级背景下的手工纸产品创新设计研究[J].名作欣赏，2018（15）.

黄涛，陈彪.宣纸—中国书画的奥秘[J].中华活页文选（初一年级版），2016（11）.

黄晓海，吴平.中国古法造纸之乡——丹寨石桥村[J].原生态民族文化学刊，2015（4）.

黄亚明.浅论桑皮纸与明清江西造纸业的渊源[J].大众文艺，2017（15）.

黄运基.中国造纸工业的技术进步[J].江苏造纸，2006（3）.

回声.彩笺尺素雅集［J］.中华手工，2014（12）.

吉少甫.中国古代造纸术和印刷术的西传［J］.出版发行研究，1990（2）.

贾思勰.齐民要术选读本［M］.北京：农业出版社，1961.

贾忠匀.造纸术的发明问题［J］.贵州大学学报：社会科学版，1985（4）.

江苏新医学院.中药大辞典（下册）［M］.上海：上海科学技术出版社，1986.

解琳，艾叶.古法"花草纸"，岁月留清香［J］.中国妇女（英文月刊），2020（9）.

金平.竹纸制作技艺［J］.西南航空，2006（11）.

金玉红，刘畅，周鼎凯.传统手工纸的染色加工方法［J］.洛阳考古，2019（1）.

金玉红.试论中国最早的染色纸［J］.中国造纸，2016（35）.

李程浩.富阳泗洲宋代造纸遗址造纸原料与造纸工艺研究［D］.合肥：中国科学技术大学，2018.

李贵华.浅论夹江手工造纸业的发展（下）［J］.中国造纸，1989（5）.

李坚.闲谈明代纸币——大明通行宝钞［J］.安徽钱币，2006（4）.

李建宏.宋代纸业研究［D］.西安：西北大学，2017.

李诺，李志健.中国古代竹纸的历史和发展［J］.湖北造纸，2013（3）.

李晓岑.浇纸法与抄纸法——中国大陆保存的两种不同造纸技术体系[J].自然辩证法通讯，2011（5）.

李雪艳.论明代草木染红——以《天工开物·彰施》卷草木染色为例[J].设计艺术（山东工艺美术学院学报），2013（6）.

李肇.国史补[M].扬州：江苏广陵古籍刻印社，1983.

梁颖.漫话彩笺（一）——引子　浣花笺纸桃花色[J].收藏家，2007（12）.

刘倍彤，魏真.探究设计的人文情感表现[J].戏剧之家，2020（14）.

刘炳麟.传统手工书籍的本体语言与文化意蕴[J].大众文艺，2013（7）.

刘仁庆.功能纸：概念与概况[J].中国造纸，2004（3）.

刘仁庆.古纸纸名研究与讨论之七　宋代纸名（下）[J].中华纸业，2017（3）.

刘仁庆.略谈古纸的收藏[J].天津造纸，2011（3）.

刘仁庆.论金花纸——古纸研究遗补之三[J].纸和造纸，2015（4）.

刘仁庆.论藤纸——古纸研究之四[J].纸和造纸，2011（1）.

刘仁庆.论谢公笺——古纸研究之九[J].纸和造纸，2011（6）.

刘仁庆.论硬黄纸——古纸研究之七[J].纸和造纸，2011（4）.

刘仁庆.造纸入门[M].北京:轻工业出版社,1981.

刘仁庆.造纸术与纸文化[J].湖北造纸,2009(3).

刘仁庆.中国早期的造纸技术著作——宋应星的《天工开物·杀青》[J].纸和造纸,2003(4).

刘仁庆.中国造纸术的西传[J].中华纸业,2008(4).

刘音.艺纸成书——艺术纸与创意书装设计[J].艺术与设计(理论),2012(6).

刘运峰.文人精神之追求[J].世界文化,2020(3).

鲁道夫·阿恩海姆.艺术与视知觉[M].滕守尧,朱疆源,译.成都:四川人民出版社,1998.

鲁江."纸"的故事[J].快乐语文:下旬,2010(5).

陆丹.论书籍装帧的文化意蕴设计[J].美术界,2008(7).

缪大经,周秉谦.金箔专用载体——乌金纸[J].包装世界,1996(5).

缪大经.为"上海机器造纸局"正名[J].中国造纸,1996(4).

潘吉星.从考古新发现看造纸术起源[J].中国造纸,1985(2).

潘吉星.关于造纸术的起源——中国古代造纸技术史专题研究之一[J].文物,1973(9).

潘吉星.谈世界上最早的植物纤维纸[J].文物,1964(11).

潘吉星.中国的宣纸[J].中国科技史杂志,1980(2).

潘吉星.中国造纸技术简史[J].国家图书馆学刊,1986

（3）.

钱存训.中国书籍、纸墨及印刷史论文集［M］.香港：香港中文大学出版社，1992.

荣元恺.纸帘水印纸与加工的水纹纸［J］.中国造纸，1984（6）.

司空小月.竹纸　昔日的繁华［J］.国学，2010（3）.

苏易简.文房四谱（卷四）［M］.北京：商务印书馆，1960.

孙川棋，周涛.汉麻——柔软健康的"盔甲"［J］.中国科技奖励，2012（4）.

孙九霞，吴美玲.商品化视角下族群内部主体的文化认同研究——以云南丽江纳西族东巴纸为例［J］.中南民族大学学报（人文社会科学版），2017（3）.

孙琳.四川省夹江县传统手工竹纸调查研究［D］.重庆：西南大学，2015.

汪铁萍.日本的手工纸——和纸［J］.纸和造纸，1998（1）.

汪泳，张玉姣.手工纸设计再生的几个案例［J］.民艺，2019（4）.

王安霞，黄云开.基于纸材为主的绿色包装设计方法研究［J］.包装工程，2008（9）.

王淳天.小议剡藤纸［J］.南风，2016（20）.

王菊华，李玉华.关于几种汉纸的分析鉴定兼论蔡伦的历史功绩［J］.中国造纸，1980（1）.

王菊华.中国古代造纸工程技术史［M］.太原：山西教育

出版社，2006.

王雷.纸包装设计研究［D］.济南：山东大学，2011.

王连科."纸药水汁"的应用［J］.黑龙江造纸，2008（4）.

王连科.造纸原料的历史发展和未来趋势［J］.黑龙江造纸，2009（3）.

王迈.诗·王风·丘中有麻解［J］.苏州教育学院学报，1999（3）.

王鹏.纸媒介的感受传达［D］.北京：中央美术学院，2014.

王青，李一珊，孙颖.档案用手工纸造纸原料现状研究［J］.兰台世界，2013（2）.

王珊.以薛涛笺为中心的早期笺纸制作工艺研究［D］.北京：北京科技大学，2020.

王珊.中国古代造纸术在"东亚文化圈"的传播与发展［J］.华东纸业，2009（6）.

王诗琪.手制再生纸介质的材料语言与应用研究［D］.太原：山西大学，2016.

王诗文.中国传统竹纸的历史回顾及其生产技术特点的探讨［C］.中国造纸学会第八届学术年会论文集，1997.

王雅君，陈宇媛，张恒铭.苗家手工花草纸文化传承的商业推广探究［J］.决策与信息，2016（35）.

王志艳.解码造纸术［M］.延边：延边大学出版社，2012.

魏鑫，赵静.现代包装设计中手工纸的应用探析［J］.设计，2020（1）.

文心.富阳造纸工业遭遇行业升级冲击波[J].造纸化学品,2006(3).

吴武汉.芦竹——一种高产优质的造纸原料[J].天津造纸,1993(4).

吴雅.故纸犹香:夹江手工纸的魅力[J].美术大观,2013(6).

吴震.唐开元三年《西州营名笈》初探[J].文物,1973(10).

夏庆根,陈港,李元元.信息技术在现代造纸工业中的应用[J].造纸科学与技术,2002(21).

徐国旺.试从考古角度看几种所谓西汉纸的发掘与断代[J].中国造纸,1991(6).

许兵."有意味的形式"——书籍装帧设计的整体之美[J].浙江工艺美术,2005(4).

许智范.简牍·缣帛·纸张[J].江西图书馆学刊,1998(1).

闫玥儿,俞宏坤,余辉,等.非物质文化遗产贵州丹寨古法造皮纸的织构性质研究[J].复旦学报(自然科学版)2016(6).

安尼瓦尔·哈斯木,杨静.维吾尔族桑皮纸及其制作工艺[J].新疆地方志,2012(1).

杨玲,李文俊.夹江大千书画纸生产及其研究进展[J].黑龙江造纸,2010(3).

杨希义.唐代印纸考[J].人文杂志,1990(4).

姚金金. 夹江手工造纸技艺及其品牌形象研究［D］. 成都: 四川师范大学，2016.

佚名. 卫生纸的发明［J］. 浙江造纸，2003（3）.

佚名. 中国的传统古纸［J］. 华夏人文地理，2001（1）.

余贻骥. 现代造纸工业中高新技术的应用与发展［J］. 造纸信息，2003（2）.

袁培德. 千年文脉桑皮纸［J］. 浙江画报，2014（2）.

曾文，贾晨超. 浅析纸材料在包装设计中的表现力［J］. 美术教育研究，2013（11）.

张大伟，曹江红. 造纸史话［M］. 北京: 社会科学文献出版社，2011.

张浩如. 明代木刻版画艺术评介——兼评胡正言及"饾版""拱花"印刷术［J］. 图书与情报，2017（5）.

张茂海. 世界制浆造纸之最［J］. 纸和造纸，1986（4）.

张平，田周玲. 古籍修复用纸谈［J］. 文物保护与考古科学，2012（2）.

张昙. 纸材在包装设计中的应用研究［D］. 株洲: 湖南工业大学，2009.

张秀铫. 剡藤纸刍议［J］. 中国造纸，1988（6）.

赵健. 交流东西·书籍设计［M］. 广州: 岭南美术出版社，2008.

郑炽嵩，罗琪. 菲律宾手工纸加工和纸工艺品的制作技术［J］. 纸和造纸，1990（1）.

郑芳蕾. 纸制品包装设计特性研究［J］. 文教资料，2014

（10）.

郑里."纸寿千年"话宣纸［J］.质量天地，1997（8）.

钟周.中国传统手工纸的设计应用［M］.北京：中国建筑工业出版社，2019.

周玉基.纸本书籍设计中的纸张美感探究［J］.艺术评论，2007（12）.

朱霭华.书籍装帧的纸材选择［J］.编辑之友，2000（4）.

朱勇强，谢来苏，石淑兰，等.纸张施胶剂发展概况［J］.纸和造纸，1994（2）.